普通高等教育"十一五"国家级规划教材配套用书

螺旋进度教学法

建筑工程预算习题集

（第二版）

（与建筑工程预算第四版教材配套使用）

袁建新　迟晓明　编著

田恒久　主审

中国建筑工业出版社

图书在版编目（CIP）数据

建筑工程预算习题集/袁建新，迟晓明编著. —2 版.
北京：中国建筑工业出版社，2010
普通高等教育"十一五"国家级规划教材配套用书.
螺旋进度教学法. 与建筑工程预算第四版教材配套使用
ISBN 978-7-112-11769-7

Ⅰ. 建… Ⅱ. ①袁…②迟… Ⅲ. 建筑预算定额-高
等学校：技术学校-习题 Ⅳ. TU723.3-44

中国版本图书馆 CIP 数据核字（2010）第 012477 号

本习题集根据普通高等教育"十一五"国家级规划教材《建筑工程预算》和"螺旋进度教学法"的理论编写。

要掌握编制建筑工程预算的技能，就必须反复练习，即从简单到复杂不断地反复练习，只有这样才能较好地实现本课程的教学目标。

本习题集与《建筑工程预算》（第四版）教材配套使用。可供工程造价、建筑工程管理、建筑经济管理等专业的学生使用，也可供工程造价工作岗位上的技术人员参考。

* * *

责任编辑：张　晶
责任设计：董建平
责任校对：刘　钰

普通高等教育"十一五"国家级规划教材配套用书

螺旋进度教学法

建筑工程预算习题集
（第二版）

（与建筑工程预算第四版教材配套使用）

袁建新　迟晓明　编著

田恒久　主审

*

中国建筑工业出版社出版、发行（北京西郊百万庄）
各地新华书店、建筑书店经销
霸州市顺浩图文科技发展有限公司制版
天津翔远印刷有限公司印刷

*

开本：787×1092毫米　1/16　印张：11　字数：268千字
2010年2月第二版　　2020 年 8 月第十五次印刷
定价：**19.00**元
ISBN 978-7-112-11769-7
（19019）

"螺旋进度教学法"的理论与实践
（代前言）

一、问题的提出

在教学中，当一门课程学完后，问起学生的学习收获，往往大家都觉得不理想。这一现象，引起我们的思考。这究竟是什么原因造成的呢？通过分析发现，虽然原因很多，但总的说来有两个方面——一是老师教的问题；二是学生学的问题。在学生愿意学习的情况下，老师想办法教好书，是提高教学效果的重要手段。因此，切合实际地研究教学方法，是提高教学质量的基础性工作。

我们知道，建筑管理类专业的某些课程有以下的特点：首先是课堂内容多，学习时间长；其次是技能训练的内容多，需要反复地练习。例如，建筑工程预算、建筑企业会计、建筑构造与识图等课程。另外，还有一个客观现象，即学生的学习状况不太好，学习的主动性较差。

面对课程内容的特点以及学生的学习状况，必须研究有效的教学方法，才能不断地提高教学质量。"螺旋进度教学法"就是在这种背景下提出来的。

二、螺旋进度教学法及其理论基础

1. 螺旋进度教学法

螺旋进度教学法的主要做法是，将一门课程的学习过程划分为几个阶段（层面），通过各个阶段（层面）的反复学习，达到很好地掌握学习方法和技能的目的。这里应该指出，各阶段（层面）之间的内容不完全是衔接的关系，而是递进的关系。

具体做法是：开始阶段，用较少的时间讲解本门课程最简单的具有整体概念的内容；第二阶段，适当增加教学内容，讲解本门课程较为简单的整体内容；第三阶段，讲授主流的课程整体内容并对事物的本质特征加以总结；第四阶段，完成系统的课程整体内容，归纳出本门课程的核心内容。如此循环下去，直到在允许的时间内掌握好本门课程的学习内容和技能。

螺旋进度教学法的理念是："学习、学习、再学习。"其基本思路是：每一阶段具体内容的学习都要建立在一个整体的概念基础之上。即在整体概念的把握中，从简单的阶段到复杂的阶段反复学习，前一阶段是后一阶段的基础；后一阶段是前一阶段的发展。如此下去，反复循环，直到掌握好学习内容为止。由于该方法的学习进程像螺旋上升的弹簧一样，后一阶段在前一阶段的基础上不断增加学习内容和训练内容，进而不断提升学习质量，故称为"螺旋进度教学法"。

2. 螺旋进度教学法的教育学理论

教学原则是教育学理论的重要组成部分。在教学中通常采用的教学原则有：循序渐进原则、温故知新原则、分层递进原则、巩固提高原则等。

（1）循序渐进原则

按照认知规律，认识事物总是从简单到复杂，从点到面循序渐进地进行的。朱熹说："君子教人有序，先传以小者近者，而后教以远者大者。"笔者认为，教任何一门课程也是这样，应该先介绍简单的内容，后介绍复杂的内容，循序渐进，不断深入。

（2）温故知新原则

孔子说："温故而知新，可以为师矣。"我们说，在复习学过知识的过程中，进一步归纳、总结，提炼出新的观点，而后再扩充、延伸学习新的知识，进而再通过复习提炼出新的内容和知识……如此反复进行，不断循环，就能达到学习和巩固新知识的目的。

（3）分层递进原则

根据学生具体的学习状况，将总体教学目标，从简单到复杂，分解为若干个层面。由少到多，由简单到复杂，由单因素到多因素，由表及里，不断递进地组织教学。

（4）巩固提高原则

通过不断巩固前面的内容，不断增长所学的知识，才能将形成的技能长期保存在记忆里。

上述教学原则是我们构建螺旋进度教学法的教育学理论基础。

3. 螺旋进度教学法的哲学思想基础

哲学思想对人们认识世界、改造世界起着指导性作用。这些认知理论是我们构建教学方法的理论基础。

马克思主义认为，人类社会的生产活动，是一步又一步地由低级向高级发展的。因此，人们的认识，不论是对于自然界方面，还是对于社会方面，也都是一步又一步地由低级向高级发展的，即由浅入深，由片面到更多的方面。

马克思主义认为，认识过程中两个阶段的特性，在低级阶段，表现为感性的，在高级阶段，表现为理性的，但任何阶段，都是统一的认识过程的阶段。

实践证明：感觉到了的东西，我们并不能立刻理解它；只有理解了的东西，才能更深刻地感觉它。感觉只解决现象问题，理论才解决本质问题。要完全地反映整个事物，反映事物的本质，反映事物的内部规律，就必须经过思考，将丰富的感觉材料进行去粗取精、去伪存真、由此及彼、由表及里的提炼和改造，形成概念和理论的系统，进而从感性认识跃进到理性认识。

理性认识依赖于感性认识，感性认识有待于发展到理性认识，这就是辩证唯物论的认识论。

实践、认识、再实践、再认识，这种形式，循环往复以至无穷，而实践和认识之间每一循环的内容，都进到了高一级的程度。这就是辩证唯物论的全部认识论，就是辩证唯物论的知行统一观。

上述认识论的哲学思想，指导我们在教学中应该按照认知规律进行教学，以认识论为指导思想构建教学方法。螺旋进度教学法就是以上述哲学思想为理论基础建立起来的实用教学方法。

三、螺旋进度教学法的实践

这里，我们重点介绍螺旋进度教学法在《建筑工程预算》课程教学中的主要实践过程。

《建筑工程预算》是建筑管理类各专业的主干课程。该课程主要解决如何确定建筑工程造价的理论与实践问题。由于该课程的教学内容多，学习时间长，要求学生完成的技能训练内容多，因此，需要反复练习才能达到目的。该门课程如果按常规的教学方法进行教学，从头到尾地讲课和练习，往往收不到明显的效果。当采用螺旋进度教学法进行教学后，学生的学习质量有了明显的提高。课堂调查的结果显示，该方法在课程的教学中收到了较好的效果。

运用螺旋进度教学法组织教学，有助于提高学生的学习兴趣，有助于增强学习信心，有助于在掌握学习内容的同时进一步掌握好学习方法，有助于学生扎实地掌握编制建筑工程预算的基本方法和基本技能。

运用螺旋进度教学法组织教学，一般将《建筑工程预算》课程划分为六个层面（阶段）。即第一层面——简单预算层面；第二层面——主体预算层面；第三层面——完善预算层面；第四层面——巩固预算层面；第五层面——初步实践层面；第六层面——完整实践层面。

1. 简单预算层面

在该层面上，通过介绍建筑工程预算原理与建筑工程预算简例，使学生主要了解建筑工程预算由哪些费用构成，如何计算这些费用，编制建筑工程预算的主要步骤等内容。

2. 主体预算层面

在该层面上，通过讲解 100m² 左右建筑面积的建筑工程预算编制过程，介绍预算定额的应用方法，讲解基础、墙体、屋面、地面等基本工程量计算方法，介绍费用计算主要过程等。要求学生掌握使用预算定额的基本方法，掌握施工图预算中主要工程量计算方法，掌握费用计算的主要步骤。

3. 完善预算层面

在该层面上，带领学生编制 2000m² 左右建筑面积的建筑工程预算，主要内容是扩展工程量计算，不断介绍工程量计算方法。在加强工程量计算练习的同时弥补学生识图能力的不足，通过工程量计算提高识图能力。通过选用的施工图编制建筑工程预算，掌握更多的工程量计算方法，进一步掌握费用计算程序是该层面的主要工作。

4. 巩固预算层面

在该层面上，学生在老师的辅导下，通过完成课外建筑工程预算编制的连贯作业，强化工程量计算的训练，在训练中更多、更好地掌握工程量计算方法和各项费用的计算方法，建立编制建筑工程预算的完整概念，巩固编制建筑工程预算的方法。

5. 初步实践层面

在该层面上，通过停课 1～2 周，要求学生在老师的指导下基本独立完成建筑工程预算编制的连贯作业，进行编制施工图预算全过程的初步实践。该项实践强化了预算编制全过程的实践，补充了书本中没有提到的方法，为学生提供了在实践中自己处理问题的机会。该实践过程进一步强化了识图能力的训练、工程量计算能力的训练、预算定额应用能力的训练、完整预算编制能力的训练。

6. 完整实践层面

在该层面上，是全部课程结束后停课 6～8 周的工程造价综合实训。该实训主要包括：建筑工程预算的编制、装饰工程预算的编制、水电安装工程预算的编制、建筑工程工程量清单报价、装饰工程工程量清单报价、水电安装工程工程量清单报价等内容。要求学生在老师的指导下独立完成一个单项工程的综合预算书的编制和工程量清单的报价，进行预算编制全过程的综合实践。该项实践是上岗前的模拟训练，是分析问题、解决问题的全面训练。

四、小结

在以学生为主体，以教师为主导的教学理念下，有效教学方法的采用是保证和提高教学质量的重要途径。

本文从认识论的基本观点出发，根据重要的教学原则，设计出了用于实践性较强一类课程的教学方法——螺旋进度教学法。该方法将一门较复杂的课程，从简单内容的分析讲解开始，分层递进，逐渐增加内容和加大难度，反复学习和练习，从而达到在方法和技能上掌握好全部学习内容的目的。该方法在教学实践的应用中，取得了较好的效果。

应用螺旋进度教学法组织好教学的关键有三点：首先是一门课程应划分为几个层面（阶段）才是较为科学的，不同的课程要认真研究；其次是每个层面应该解决哪些关键问题，各层面之间的内容如何衔接更为合理，要认真研究；最后，在各层面的教学中引导学生掌握分析问题和解决问题的方法，是螺旋进度教学法的核心目标。

本书由四川建筑职业技术学院袁建新、迟晓明编著，山西建筑职业技术学院田恒久主审。

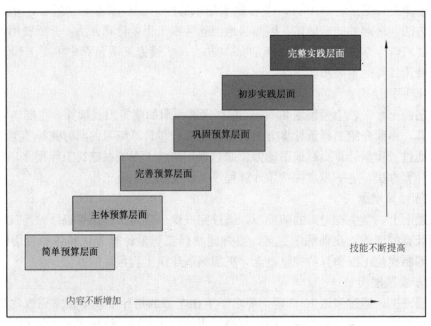

《建筑工程预算》课程螺旋进度教学法示意图

目　　录

第一章　建筑工程预算概述

一、学习要点

1. 建筑工程预算亦称施工图预算，是确定单位工程造价的经济文件。

2. 施工图预算是建设预算中的一个重要成员。建设预算包括：投资估算、设计概算、施工图预算、施工预算、工程结算、竣工决算。它们分别在不同的建设阶段，由不同的单位编制，起着控制和确定建设工程造价的作用。

3. 建设预算各内容之间的关系是：投资估算控制设计概算；设计概算控制施工图预算；施工图预算反映行业的社会平均成本；施工预算反映企业的个别成本；工程结算依据施工图预算和工程施工的变更情况编制，是最终反映工程造价的经济文件；竣工决算是若干个单位工程的竣工结算汇总而成的，反映建设项目的建设成果。

4. 施工图预算的构成要素是：工程量、工料机消耗量、直接费、工程费用。

二、你知道了吗

1. 施工图预算的主要作用是什么？

2. "基本建设预算"、"三算"、"两算"指的是什么？它们分别在基本建设中的哪个阶段，由谁来编制？其各自的主要作用是什么？

3. 为什么说工程量、工料机消耗量、直接费、工程费用是构成施工图预算的要素？

三、作业练习

（一）单项选择

1. "三算"是指（　　）。

A. 设计概算、施工预算、施工图预算　　　B. 施工预算、施工图预算、竣工结算

C. 设计概算、施工图预算、竣工决算　　　D. 设计概算、施工图预算、竣工结算

2. "基本建设预算"是指（　　）。

A. 设计概算、施工图预算　　　　　　　B. 施工预算、施工图预算

C. 设计概算、竣工决算　　　　　　　　D. 施工图预算、竣工决算

3. 施工图预算是在（　　）阶段，确定工程造价的文件。

A. 方案设计　　　B. 初步设计　　　C. 技术设计　　　D. 施工图设计

4. 修正概算是在（　　）阶段，确定工程造价的文件。

A. 方案设计　　　B. 初步设计　　　C. 技术设计　　　D. 施工图设计

5. 设计概算是在（　　）阶段，确定工程造价的文件。

A. 技术设计　　　B. 可行性研究　　　C. 初步设计　　　D. 施工图设计

6. 在项目的可行性研究阶段，应编制（　　）。

A. 投资估算　　　B. 总概算　　　C. 施工图预算　　　D. 修正概算

（二）多项选择

1. 建筑工程预算是确定（　　）的经济文件。

A. 工程造价　　　　　　　　　　　B. 建筑工程造价

C. 建筑工程预算造价　　　　　　　D. 工程成本

2. 施工图预算的作用有（　　）。

A. 确定工程造价　　　　　　　　　B. 办理工程结算

C. 确定工程标底　　　　　　　　　D. 进行"两算"对比

3. 施工图预算一般（　　）编制。

A. 由承包商　　　　　　　　　　　B. 由业主

C. 在签订工程承包合同前　　　　　D. 在签订工程承包合同后

4. 建设预算包括（　　）。

A. 设计概算　　　B. 施工图预算　　　C. 清单报价　　　D. 工程结算

5. 投资估算一般由（　　）编制。

A. 承包商　　　B. 项目主管部门　　　C. 咨询单位　　　D. 业主

6. 施工预算由（　　）编制，是体现（　　）的文件。

A. 建设单位　　　B. 施工单位　　　C. 社会成本　　　D. 施工企业个别成本

7. 工程结算是在（　　）由（　　）编制。

A. 工程施工阶段　　　　　　　　　B. 工程竣工验收阶段

C. 建设单位　　　　　　　　　　　D. 施工单位

8. 施工图预算的构成要素有（　　）。

A. 工程量　　　B. 工料机消耗量　　　C. 直接费　　　D. 设计费

9. 施工图预算造价的理论费用由（　　）构成。

A. 直接费　　　B. 间接费　　　C. 利润　　　D. 税金

10. 编制施工图预算的步骤之间的关系是（　　）。

A. 先计算间接费后计算直接费　　　B. 先计算工程量后计算直接费

C. 先套用定额后分析工料　　　　　D. 先计算利润后计算税金

11. 教材图 1-2 基础施工图中（　　）。
    A. 基础墙厚 240mm
    B. 有四层放脚
    C. 挖土深度为 1.5m
    D. 垫层宽 0.80m
12. 教材图 1-2 基础施工图中（　　）。
    A. 外墙中线长为 29.00m
    B. 外墙中线长为 29.20m
    C. 室外地坪标高为—0.300m
    D. 室内地面高为±0.000m
13. 教材表 1-1 中（　　）。
    A. 人工费单价为 25.00 元
    B. 基价等于人工费、材料费、机械费之和
    C. 防水粉的单位为千克
    D. 200L 砂浆搅拌机台班单价为 15.38 元
14. 教材表 1-3 中（　　）。
    A. 间接费的计算基础是直接费
    B. 税金的计算基础是直接费和间接费之和
    C. 利润的计算基础是直接费
    D. 直接费的计算基础是间接费

（三）判断题（判断并纠错，将正确的答案写在空行中）

1. 建设单位也称为业主。（　　）

2. 施工图预算可以确定估算造价。（　　）

3. 施工图预算一般由设计单位编制。（　　）

4. 施工图预算在工程承包合同签订之后编制。（　　）

5. 投资估算由承包商编制。（　　）

6. 设计概算由建设单位编制。（　　）

7. 施工预算由施工单位编制。（　　）

8. 工程结算由施工单位编制。（　　）

9. 竣工决算由建设单位编制。（　　）

10. 施工图预算反映社会平均成本。（　　）

11. 施工预算反映企业个别成本。（　　）

12. 施工图预算需根据结算编制。（　　）

13. 施工图预算是设计概算的控制数额。（　　）

14. 设计概算是投资估算的控制数额。（　　　）

15. 施工图预算造价的理论费用由直接费和间接费构成。（　　　）

16. 根据施工图就能计算出工程量。（　　　）

17. 间接费是根据预算定额基价计算的。（　　　）

18. 单位估价法需要采用含有基价的预算定额。（　　　）

19. 实物金额法采用的是不含基价的预算定额。（　　　）

20. 教材表 1-1 中 1：2 水泥砂浆的单位是平方米。（　　　）

21. 工程量计算有错误，不影响后面的造价计算结果。（　　　）

22. 不看施工图也能计算工程量。（　　　）

23. 预算定额是建设单位颁发的。（　　　）

24. 费用定额是设计单位颁发的。（　　　）

25. 编制施工图预算的思路是，先计算直接费后计算工程量。（　　　）

（四）计算题

1. 根据"工程量计算练习图一"，计算该基础工程的 C20 混凝土基础垫层工程量。

解： Ⅰ—Ⅰ剖面 C20 混凝土基础垫层＝

　　　　Ⅱ—Ⅱ剖面 C20 混凝土基础垫层＝

2. 根据"工程量计算练习图一"，计算该基础工程的 1：2 水泥砂浆墙基防潮层工程量。

解： Ⅰ—Ⅰ剖面 1：2 水泥砂浆墙基防潮层＝

　　　　Ⅱ—Ⅱ剖面 1：2 水泥砂浆墙基防潮层＝

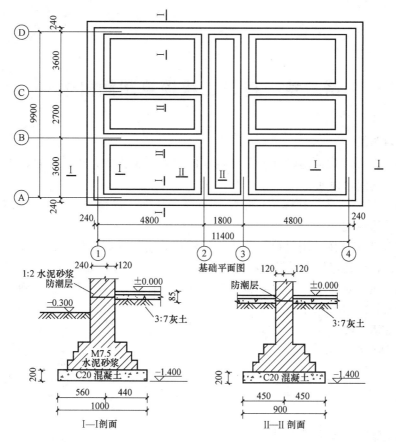

工程量计算练习图一

3. 将上述计算题算出的工程量填入表 1-1 内，计算其直接工程费。

直接工程费计算表 表 1-1

序号	定额编号	项目名称	单位	工程量	基价(元)	合价(元)
1	1E0301	C20 混凝土基础垫层	m³		172.28	
2	1H0058	1：2 水泥砂浆墙基防潮层	m²		7.40	
		小计：			元	

4. 根据第 3 题表 1-1 中计算出的结果和表 1-2 中给定的数据计算工程造价（费用）。

工程造价（费用）计算表 表 1-2

序号	费用名称	计 算 式	金额(元)
1	直接费(直接工程费)	见表 1-1	
2	间接费	(直接费)×10%	
3	利润	(直接费)×6%	
4	税金	(直接费＋间接费＋利润)×3.0928%	
	工程造价		

第二章 建筑工程预算定额概述

一、学习要点

1. 建筑工程预算定额是确定一定计量单位的分项工程的人工、材料、机械台班耗用量（货币量）的数量标准。

2. 建筑工程定额是一种标准，是反映建筑产品生产过程中所需消耗的人工、材料、机械台班的数量标准。

3. 建筑工程定额按其用途可划分为：投资估算指标、概算指标、概算定额、预算定额、施工定额、劳动定额、材料消耗定额、机械台班定额等。

4. 预算定额的构成要素为：项目名称、计量单位、工料机消耗量指标，若反映货币量，还包括项目的定额基价。

二、你知道了吗

1. 什么是预算定额？

2. 预算定额的主要作用是什么？

3. 建筑工程定额按其用途可划分为哪些定额？各自的主要作用是什么？

三、作业练习

（一）单项选择

1. 建筑工程定额按生产要素分为（　　　）。

    A. 劳动定额、材料消耗定额和机械台班定额

    B. 施工定额、预算定额、概算定额、概算指标和估算指标

    C. 全国统一定额、地方统一定额、专业部定额和一次性补充定额

    D. 建筑工程定额、安装工程定额

2. 在编制初步设计概算时，计算和确定工程概算造价，计算劳动力、机械台班、材料需用量所使用的定额是（　　　）。

    A. 概算定额　　　　B. 概算指标　　　　C. 预算定额　　　　D. 预算指标

3. 预算定额是规定（　　　）的标准。

A. 劳动力、材料和机械的消耗数量　B. 分部工程价格

C. 劳动力、材料和机械的消耗价值　D. 分项工程价格

4. 建筑工程定额按用途划分为（　　）。

A. 概算定额、预算定额、施工定额

B. 全国定额、地方定额、企业定额

C. 劳动定额、材料消耗定额、机械台班定额

D. 预算定额、企业定额、劳动定额

5. 建筑工程预算定额是根据一定时期（　　）水平，对生产单位产品所消耗的人工、材料、机械台班所规定的数量标准。

A. 社会平均　　B. 社会平均先进　C. 企业平均　　D. 企业平均先进

6. 下列各项中计算人工、材料、机械等实物消耗量的依据是（　　）。

A. 设计文件　　B. 预算定额　　C. 材料价格　　D. 造价指数

（二）多项选择

1. 建筑工程预算定额是确定一定计量单位的分项工程的（　　）耗用量的数量标准。

A. 人工　　　　B. 间接费　　　C. 材料　　　　D. 机械台班

2. 定额这个大家族包括（　　）。

A. 投资估算指标　B. 概算指标　　C. 概算定额　　D. 预算定额

E. 施工定额　　　F. 劳动定额　　G. 材料消耗定额　H. 工期定额

3. 投资估算指标是进行（　　）的重要依据。

A. 投资预测　　B. 投资控制　　C. 投资效益分析　D. 银行贷款

4. 概算定额是（　　）的主要依据。

A. 编制施工图预算　　　　　B. 扩大初步设计阶段编制设计概算

C. 施工图设计阶段编制设计概算　D. 编制施工预算

5. 预算定额是（　　）的重要依据。

A. 控制工程造价　B. 编制施工预算　C. 编制标底　　D. 编制标价

6. 施工定额是（　　）的重要依据。

A. 编制标价　　　　　　　　B. 签发施工任务书

C. 编制施工图预算　　　　　D. 编制施工预算

7. 工期定额是（　　）的依据。

A. 编制招标文件　　　　　　B. 签订施工合同

C. 编制施工组织设计　　　　D. 安排施工进度

8. 预算定额一般由（　　）等内容构成。

A. 项目名称　　　　　　　　B. 单位

C. 人工、材料、机械台班消耗量　D. 利润

9. 编制预算定额的准备工作包括（　　）等内容。

A. 章、节、子目划分　　　　B. 确定计量单位

C. 确定定额水平　　　　　　D. 确定字体大小

10. 测定定额子目中的人工、材料、机械台班消耗量的方法有（　　）。

A. 技术方法　　B. 计算方法　　C. 调查研究方法　　D. 表格作业法

（三）判断题（判断并纠错，将正确的答案写在空行中）

1．预算定额是确定一个单位的分项工程量所消耗的工、料、机消耗量标准。（　　）

2．预算定额是编制施工图预算的依据。（　　）

3．预算定额是编制投资估算的依据。（　　）

4．预算定额是编制施工预算的依据。（　　）

5．概算指标以整个建筑物为对象确定其消耗量。（　　）

6．预算定额是确定企业个别劳动量的标准。（　　）

7．施工定额是确定社会必要劳动量的标准。（　　）

8．劳动定额是企业内部定额。（　　）

9．材料消耗定额是编制施工图预算的依据。（　　）

10．凡是预算定额子目都有材料或人工消耗量。（　　）

11．预算定额的项目也称定额子目。（　　）

12．对预算定额来说，定额子目是构成或有助于构成工程实体的最小组成部分。（　　）

13．定额基价也称工程单价。（　　）

14．有的预算定额也反映货币量。（　　）

15．预算定额的水平应该是平均水平。（　　）

16．施工定额的水平应该是平均先进水平。（　　）

17．平均先进水平比平均水平的水平高。（　　）

18．平均先进水平比平均水平的消耗量高。（　　）

19．可以通过现场测定，确定各子目的人工消耗量。（　　）

20. 定额基价由人工费、材料费、机械费构成。（　　）

（四）计算题

1. 根据"工程量计算练习图二"，计算 C15 混凝土基础垫层工程量，然后根据本地区预算定额的基价，计算其定额直接工程费。

解：（1）C15 混凝土基础垫层工程量

垫层长＝

垫层宽＝

垫层厚＝

C15 混凝土基础垫层工程量＝

（2）计算 C15 混凝土基础垫层的定额直接工程费

C15 混凝土基础垫层定额直接工程费＝　　　　×　　　　＝　　　　元

2. 根据"工程量计算练习图二"，计算 C20 钢筋混凝土带形基础的工程量，然后根据本地区预算定额的基价，计算其定额直接工程费。

解：（1）C20 钢筋混凝土带形基础的工程量

带形基础长＝

带形基础宽＝

带形基础断面积＝

带形基础工程量＝

（2）计算 C20 钢筋混凝土带形基础的定额直接工程费

C20 钢筋混凝土带形基础定额直接工程费＝　　　　×　　　　＝　　　　元

某三层砖混结构基础平面及断面图

（a）基础平面；（b）基础配筋断面

工程量计算练习图二

第三章　工程量计算规则概述

一、学习要点

1. 工程量是以物理计量单位或自然计量单位表示的分项工程的实物数量。

2. 工程量计算规则是确定工程量计算方法的重要依据。

3. 全面理解工程量计算规则，领会其精神，是灵活处理实际工作中工程量计算问题的基本保证。

二、你知道了吗

1. 什么是工程量？计算工程量有何意义？

2. 什么是工程量计算规则？工程量计算规则的作用是什么？

三、作业练习

（一）多项选择

1. 工程量是指用（　　）表示的分项工程的实物数量。

    A. 物理计量单位　　　　　　　　　　B. 化学计量单位

    C. 自然计量单位　　　　　　　　　　D. 人为计量单位

2. 自然计量单位是指（　　）。

    A. 个　　　　B. 组　　　　C. 吨　　　D. 件

3. 工程量计算规则的作用有（　　）。

    A. 确定工程量项目　　　　　　　　　B. 施工图尺寸数据取定

    C. 工程量调整系数　　　　　　　　　D. 工程量计算方法

4. 制定工程量计算规则应考虑（　　）。

    A. 工程量计算的简化　　　　　　　　B. 计算规则与定额消耗量的对应关系

    C. 定额水平的稳定性　　　　　　　　D. 计算方法的科学性

5. 工程量计算规则具有（　　）。

    A. 公开性　　　B. 公平性　　　C. 公正性　　　D. 权威性

6. 工程量计算规则中贯穿了（　　　）的精神。
   A. 规范工程量计算　　　　　　　　B. 简化工程量计算
   C. 灵活应用　　　　　　　　　　　D. 可以不执行
7. 工程量计算规则的发展趋势有（　　　）。
   A. 建立数学模型描述工程量计算规则　　B. 各计算规则之间的界定要明晰
   C. 要总结计算规则的规律性　　　　　　D. 计算规则宜粗不宜细

（二）判断题（判断并纠错，将正确的答案写在空行中）

1. 工程量就是工程的实物数量。（　　　）

2. 吨是物理计量单位。（　　　）

3. 千克是自然计量单位。（　　　）

4. 预应力空心板的计量单位是吨。（　　　）

5. 工程量计算规则具有一定的灵活性。（　　　）

6. 全国建筑工程基础定额的工程量计算规则规定，外墙按净长计算。（　　　）

7. 计算砖墙体积时，预算定额规定不扣除板头所占体积。（　　　）

8. 楼梯按面积计算，但单元式楼层的平台不包括在内。（　　　）

9. 规范工程量计算是计算规则的主要目的。（　　　）

10. 简化工程量计算是计算规则的重要目的。（　　　）

第四章　施工图预算编制原理

一、学习要点

1. 建筑产品价格由直接费、间接费、利润、税金四部分费用构成。

2. 建筑产品生产具有三大特性：产品生产的单件性、建设地点的固定性、施工生产的流动性。

3. 建筑产品生产的三大特性决定了，用编制施工图预算的方法来确定建筑产品价格，是产品定价的一种特殊形式。

4. 采用编制施工图预算的方式来确定建筑产品价格，必须具备两个基本前提：一是将建筑工程分解为具有共性的基本构造要素——分项工程，二是具有反映单位分项工程人工、材料、机械台班消耗量及其货币量的预算定额。

5. 按照合理确定工程造价和基本建设管理工作的要求，基本建设项目依次划分为五个层次。

6. 编制施工图预算，确定工程造价，传统计价方法有三种：单位估价法、实物金额法、分项工程完全造价法。

7. 施工图预算的编制内容、依据和程序。

二、你知道了吗

1. 工程造价由哪些费用所组成？

2. 为什么建筑产品定价要通过编制施工图预算的方式来确定？

3. 基本建设项目是怎样划分的？为什么要这样划分？各自的特征是什么？

4. 基本建设项目的划分与施工图预算有什么关系？

5. 施工图预算的编制原理是什么？

6. 施工图预算的编制方法有哪几种？

三、作业练习

（一）选择题

1. 具有独立的设计文件，可以独立组织施工的工程是指（　　　）。
   A. 建设项目　　　B. 单项工程　　　C. 单位工程　　　D. 分部工程

2. 一个分部工程由若干个（　　）组成。
   A. 建设项目　　　B. 分项工程　　　C. 单位工程　　　D. 单项工程

3. 工程造价是指（　　）。
   A. 全部固定资产投资费用　　　　B. 工程价格
   C. 建筑安装工程费用　　　　　　D. 建设工程总价格

4. 建成后能独立发挥生产能力或使用效益的工程是（　　）。
   A. 建设工程　　　B. 单项工程　　　C. 单位工程　　　D. 分部工程

5. 工程造价的（　　）特征是一个逐步深化、逐步细化和逐步接近实际造价的过程。
   A. 单件性计价　　B. 多样性计价　　C. 组合性计价　　D. 多次性计价

6. 在一个总体规划和设计的范围内，实行统一施工、统一管理、统一核算的工程，称为（　　　）。
   A. 建设项目　　　B. 单项工程　　　C. 单位工程　　　D. 分部工程

7. 建筑产品的价值，可按劳动价值论表达，包含为（　　）之和。
   A. C　　　　　　B. V　　　　　　C. m　　　　　　D. W

8. 建筑工程进行多次计价，它们之间的关系是（　　）。
   A. 投资估算控制设计概算　　　　B. 设计概算控制施工图预算
   C. 设计概算是对投资估算的落实　D. 投资估算作为工程造价的目标限额

9. 施工图预算的编制依据有（　　）。
   A. 施工图纸　　　B. 施工方案　　　C. 预算定额　　　D. 施工合同

10. 商品的价值是由（　　）构成的。
    A. 商品生产中消耗掉的生产资料的价值
    B. 补偿劳动力的价值
    C. 社会必要劳动时间
    D. 剩余价值

11. 工程造价的计价具有（   ）特征。

    A. 一次性计价   B. 多件性计价   C. 单件性计价   D. 多次性计价

12. 施工图预算的编制是以（   ）为对象编制的。

    A. 单项工程   B. 单位工程   C. 分部工程   D. 分项工程

13. 下列项目属于分项工程的有（   ）。

    A. 土石方工程   B. C20 混凝土梁的制作

    C. 水磨石地面   D. 人工挖地槽土方

14. 直接工程费是指有助于构成工程实体的各项费用，包括（   ）。

    A. 人工费   B. 材料费

    C. 施工机械使用费   D. 其他直接费

15. 措施费包括（   ）。

    A. 材料二次搬运费   B. 临时设施费

    C. 脚手架搭设费   D. 加班费

16. 间接费主要包括（   ）。

    A. 企业管理费   B. 模板摊销费

    C. 规费   D. 夜间施工增加费

17. 税金具有（   ）。

    A. 法令性   B. 灵活性   C. 固定性   D. 强制性

18. 建筑产品的特点有（   ）。

    A. 稳定性   B. 单件性   C. 固定性   D. 流动性

19. 建筑产品价格表现形式有（   ）。

    A. 政府指导价   B. 市场竞争价   C. 市场牌价   D. 协商价

20. 产品定价的基本规律有（   ）。

    A. 价值规律   B. 同质同价

    C. 市场竞争形成价格   D. 同类产品的价格水平应该基本一致

21. 建设项目按照（   ）的要求进行划分。

    A. 合理确定工程造价   B. 基本建设管理工作

    C. 成本核算   D. 项目评估

22. 假定建筑产品的概念在（   ）中都有十分重要的意义。

    A. 预算编制原理   B. 计划统计

    C. 施工管理   D. 工程成本核算

23. 用编制施工图预算确定工程造价的方法有（   ）。

    A. 单位估价法   B. 总金额法

    C. 实物金额法   D. 分项工程完全单价法

24. 施工图预算的编制内容有（   ）。

    A. 列项、计算工程量   B. 套用预算定额、进行工料分析及汇总

    C. 计算直接费   D. 计算间接费、利润和税金

25. 广义地讲施工图还应包括（   ）等。

    A. 标准施工图   B. 图纸会审记录

C. 施工日志　　　　　　　　　　D. 设计变更

(二) 判断题（判断并纠错，将正确的答案写在空行中）

1. 施工图预算的编制对象是单项工程。（　　）

2. 建筑产品的价值由 $C+V+m$ 所构成。（　　）

3. 单项工程就是分项工程的简称。（　　）

4. 施工图预算的编制对象是单位工程。（　　）

5. 施工图预算的计算对象是分项工程。（　　）

6. 根据施工图确定预算项目。（　　）

7. $C+V+m$ 中的 m 在施工图预算中表达为利润和税金。（　　）

8. 直接费是直接工程费的简称。（　　）

9. 失业保险费属于措施费。（　　）

10. 规费属于间接费。（　　）

11. 利润的计取具有竞争性。（　　）

12. 税金就是指营业税。（　　）

13. 利润率可以通过施工承包合同确定。（　　）

14. 用编制施工图预算确定建筑产品价格的方法是科学的方法。（　　）

15. 单位工程包含单项工程。（　　）

16. 分部工程包含分项工程。（　　）

17. 分项工程是建筑工程的基本构造要素。（　　）

18. 分部工程是假定建筑产品。（　　）

19. 预算定额是确定单位分项工程的消耗量标准。（　　）

20. 预算定额是预算列项的必不可少的依据。（　　）

21. 本地区建筑工程（预算）计价定额适用于单位估价法。（　　）

22. 全国统一建筑工程基础定额适用于实物金额法。（　　）

23. 税率可以通过施工承包合同确定。（　　）

（三）框图设计

请根据施工图预算的编制原理，用框图形式，设计出按实物金额法编制施工图预算的程序。要求程序中包含：编制内容、编制步骤、编制依据。

第五章 建筑工程预算定额

一、学习要点

1. 定额编制的基本方法有四种：技术测定法、经验估计法、统计计算法、比较类推法。

2. 定额具有三大特性：科学性、权威性、群众性。

3. 预算定额的编制原则是：以社会必要劳动量来确定定额水平，在适用的基础上力求简明。

4. 预算定额是在劳、材、机三个定额的基础上编制的。

5. 劳动定额有两种表现形式，时间定额和产量定额，两者互为倒数关系，时间定额是工种工人完成单位合格产品所需的劳动时间，产量定额是工种工人在单位时间内完成合格产品的数量。

6. 材料消耗定额包括净用量定额和损耗量定额，净用量定额可以计算出来，损耗量定额必须通过观测或试验数据编制。

7. 材料消耗定额与净用量定额和损耗量定额之间的关系是：

材料消耗定额＝净用量定额＋损耗量定额

材料损耗率＝损耗量/总消耗量

总消耗量＝净用量/(1－损耗率)

8. 编制材料消耗量定额的基本方法有：

现场技术测定法、试验法、统计法、理论计算法。

注：应重点掌握砌体材料用量理论计算法的基本方法。

9. 配合小组施工的机械，其台班用量按小组产量确定。

10. 预算定额用工是根据劳动定额综合而成的，一般包括：基本用工、材料超运距用工、辅助用工和人工幅度差。

11. 人工幅度差计算公式为：

人工幅度差＝(基本用工＋超运距用工＋辅助用工)×人工幅度差系数

二、你知道了吗

1. 什么是技术测定法？

2. 什么是产量定额？什么是时间定额？

3. 什么是比较类推法？

4. 怎样确定材料损耗率？

5. 预算定额有哪些特性？

6. 如何计算砌体材料用量？

三、作业练习

（一）单项选择

1. 建设工程预算定额中材料的消耗量（　　）。
   A. 仅包括了净用量
   B. 既包括了净用量，也包括了损耗量
   C. 有的定额包括了损耗量，有的定额未包括损耗量
   D. 既包括了净用量，也包括了损耗量，损耗量中还包括运输过程中的损耗量

2. 定额水平高是指定额工料消耗（　　）。
   A. 高　　　　　　　B. 低　　　　　　　C. 多　　　　　　　D. 正常

3. 在下列项目中，不应列入预算定额材料消耗量的是（　　）。
   A. 构成工程实体的材料消耗量
   B. 在施工操作过程中发生的不可避免的材料损耗量
   C. 在施工操作地点发生的不可避免的材料损耗量
   D. 在施工过程中对材料进行一般性鉴定或检查所消耗的材料量

4. 预算定额中人工工日消耗量应包括（　　）。
   A. 基本用工
   B. 基本用工和其他用工两部分
   C. 基本用工、辅助用工和人工幅度差三部分
   D. 基本用工、其他用工和人工幅度差三部分

5. 预算定额人工消耗量中的人工幅度差是指（　　）。

    A. 预算定额消耗量与概算定额消耗量的差额

    B. 预算定额消耗量自身的误差

    C. 预算人工定额必须消耗量与净耗量的差额

    D. 预算定额消耗量与劳动定额消耗量的差额

6. 材料消耗定额中的材料净耗量是指（　　）。

    A. 材料必需消耗量

    B. 施工中消耗的所有材料量

    C. 直接用到工程上构成工程实体的消耗量

    D. 在合理和节约使用材料前提下的材料用量

7. 下列定额中属于施工企业为组织生产和加强管理在企业内部使用的定额是（　　）。

    A. 预算定额   B. 概算定额   C. 施工定额   D. 直接费定额

8. 时间定额与产量定额之间的关系是（　　）。

    A. 互为倒数   B. 互成正比

    C. 需分别独立测算   D. 没什么关系

（二）多项选择

1. 常用的技术测定方法有（　　）。

    A. 测时法   B. 写实记录法

    C. 工作日法   D. 工作日写实法

2. 经验估计法是根据（　　）的实际工作经验确定消耗量的一种方法。

    A. 定额员   B. 施工员   C. 老工人   D. 成本员

3. 编制定额的基本方法有（　　）。

    A. 技术测定法   B. 经验估计法   C. 统计计算法   D. 倒推法

4. 预算定额具有（　　）特性。

    A. 科学性   B. 完整性   C. 权威性   D. 群众性

5. 预算定额的编制原则有（　　）原则。

    A. 平均水平   B. 先进水平   C. 简明适用   D. 简单适用

6. 预算定额可以根据（　　）编制。

    A. 劳动定额   B. 工期定额

    C. 材料消耗定额   D. 机械台班定额

7. 劳动定额的表现形式有（　　）。

    A. 时间定额   B. 产量定额   C. 工期定额   D. 消耗量定额

8. 时间定额的单位有（　　）。

    A. m^2/工日   B. 工日/m^3 C. 个/工日   D. 工日/组

9. 材料消耗量定额包括（　　）。

    A. 直接构成工程实体的材料   B. 不可避免的施工废料

    C. 不可避免的施工操作损耗   D. 不可避免的运输损耗

10. 编制材料消耗定额的方法有（　　）。

A. 现场技术测定法　　　　　　　B. 试验法

C. 统计法　　　　　　　　　　　D. 理论计算法

11. 机械纯工作时间包括（　　）。

A. 正常负荷下工作时间　　　　　B. 有根据降低负荷下工作时间

C. 不可避免的无负荷工作时间　　D. 不可避免的中断时间

12. 编制预算定额一般按以下几个阶段进行（　　）。

A. 准备工作阶段　　　　　　　　B. 编制初稿阶段

C. 修改和定稿阶段　　　　　　　D. 水平测试阶段

13. 预算定额项目计量单位的选择，与预算定额的（　　）有密切关系。

A. 准确性　　　　B. 时效性　　　　C. 合理性　　　　D. 简明适用性

14. 宜采用以平方米为计量单位的预算定额项目有（　　）。

A. 楼地面面层　　　B. 装饰抹灰　　　C. 砌砖墙　　　　D. 现浇圈梁

15. 确定预算定额消耗量指标，一般按以下步骤进行（　　）。

A. 选定典型工程　　　　　　　　B. 确定计量单位

C. 计算工程量　　　　　　　　　D. 确定工、料、机消耗指标

16. 预算定额人工消耗指标包括（　　）。

A. 基本用工　　　　　　　　　　B. 材料超运距用工

C. 辅助用工　　　　　　　　　　D. 人工幅度差

（三）判断题（判断并纠错，将正确的答案写在空行中）

1. 完成单位产品所需要的劳动时间称为产量定额。（　　）

2. 材料消耗定额的消耗量包括不可避免的施工废料。（　　）

3. 预算定额由企业编制。（　　）

4. 概算定额的水平比预算定额的水平低。（　　）

5. 概算定额是在预算定额的基础上综合的。（　　）

6. 现行的全年法定工作日为256天。（　　）

7. 定额水平与定额的消耗量成正比。（　　）

8. 技术测定法亦称计时观察法。（　　）

9. 测时法的特点是精度高，技术简单。（　　）

10. 写实记录法的观察对象可以是一个工人小组。（　　）

11. 工作日写实法只研究基本工作时间。（　　　）

12. 经验估计法精度高。（　　　）

13. 比较类推法没有局限性。（　　　）

14. 采用技术测定法编制的预算定额具有科学性。（　　　）

15. 预算定额具有法令性。（　　　）

16. 群众性体现了定额通俗易懂性。（　　　）

17. 平均先进水平是预算定额的编制原则。（　　　）

18. 简明适用就是指简单适用。（　　　）

19. 时间定额与产量定额互为倒数。（　　　）

20. 产量定额的特点是数量直观、具体，容易为工人所理解和接受。（　　　）

21. 不可避免的施工废料称为材料损耗量定额。（　　　）

22. 总消耗量＝净用量/（1－损耗率）。（　　　）

23. 一砖厚标准砖墙的砖净用量为每立方米 539.1 块。（　　　）

24. 模板摊销量＝一次使用量/（1＋周转次数）。（　　　）

25. 机械纯工作时间是指机械必须消耗的净工作时间。（　　　）

（四）计算题

1. 根据下列现场测定资料，计算 100m² 混合砂浆抹砖墙面的时间定额和产量定额。
（1）基本工作时间：1320 工分/40m²
（2）辅助工作时间：占全部工作时间 4％
（3）准备与结束工作时间：占全部工作时间的 3％
（4）不可避免中断时间：占全部工作时间 2％
（5）休息时间：占全部工作时间 8％

解：

2. 计算砌 1m³ 的 370mm 厚标准砖墙的标准砖和砂浆的净用量与总耗量（标准砖、砂浆的损耗率均为 1.5%，计算结果标准砖取整数、砂浆保留三位小数）。

解：

3. 计算砌块尺寸为 390mm×190mm×190mm 的 190mm 厚混凝土空心砌块墙的砂浆和砌块总消耗量（灰缝 10mm，砌块与砂浆的损耗率均为 2%）。

解：

4. 用水泥砂浆贴 450mm×450mm×10mm 厚大理石地面，结合层 5mm 厚，灰缝 1mm，大理石损耗率 3%，砂浆损耗率 1.7%，计算每 100m² 地面的大理石和砂浆总消耗量。

解：

5. 某工程外墙贴面砖，面砖规格为 240mm×60mm×5mm，设计灰缝 25mm，用 1：3 水泥砂浆做结合层厚 10mm，1：1 水泥砂浆贴面砖，面砖损耗率为 2%，砂浆损耗率为 1%，试计算每 100m² 外墙面砖和砂浆总耗量。

解：

第六章 工 程 单 价

一、学习要点

1. 工程单价由人工费、材料费和机械台班费构成。

2. 工程工日单价也称人工单价，由基本工资、工资性津贴及失业保险、医疗保险、住房公积金等费用构成。

3. 工资标准是传统的工资计算方法。

4. 规定一级工工资标准和工资等级系数是工资标准的主要内容。

5. 采用综合平均工资等级系数计算综合平均工资标准是计算工日单价的基础。

6. 工程材料单价亦称材料预算价格，是指材料从采购地点运到工地仓库后的出库价格。

7. 掌握材料原价加权平均计算方法是确定工程材料单价的基础。

8. 材料运杂费主要包括：运输费、装卸费、途中运输损耗。

9. 应按加权平均的方法计算材料运杂费。

10. 采购保管费的计算基础是前面发生的全部费用之和乘以采购保管费费率。

11. 工程台班单价亦称机械台班单价，由第一类费用和第二类费用构成。

12. 第一类费用亦称不变费用，是指属于分摊性质的费用，包括折旧费、大修理费、经常修理费、安拆费及场外运输费。

13. 第二类费用亦称可变费用，是指属于支出性质的费用，包括燃料动力费、人工费、养路费及车船使用税、保险费。

二、你知道了吗

1. 什么是工程单价？

2. 工程单价由哪些费用构成？

3. 什么是材料单价？

4. 材料单价由哪些费用构成？

5. 什么是机械台班单价？由哪些费用构成？

6. 怎样计算材料的加权平均原价和运杂费、采购保管费？

三、作业练习

（一）单项选择

1. 建筑工程计价定额中基价由（　　）三部分组成。

    A. 直接费、间接费和税金　　　　　　B. 现场管理费、临时设施费和间接费

    C. 人工费、材料费和机械费　　　　　D. 人工、材料和机械

2. 某材料价格 145 元/t，不需要包装，运输费 37.28 元/t，运输损耗 14.87 元/t，采购及保管费率 2.5%，则该材料预算价格是（　　）元/t。

    A. 200.78　　　　B. 202.08　　　　C. 201.71　　　　D. 201.15

3. 据预算定额分析出来的墙面砖用量 1500m²，则应购买 200mm×300mm 的墙面砖（　　）。

    A. 25000 块　　　B. 30000 块　　　C. 15000 块　　　D. 20000 块

4. 材料采购及保管费，是以（　　）为基础乘以一定费率计算的。

    A. 供应价　　　　　　　　　　　　　B. 供应价＋运输费

    C. 供应价＋运输损耗　　　　　　　　D. 材料运到工地仓库价格

5. 建筑安装工程人工工资单价组成内容包括（　　）。

    A. 基本工资　　　　　　　　　　　　B. 流动施工津贴

    C. 防暑降温费　　　　　　　　　　　D. 工人病假 6 个月以上工资

（二）多项选择

1. 人工单价一般包括（　　）。

    A. 基本工资　　　B. 工资性补贴　　　C. 保险费　　　　D. 通信费

2. 下列提法正确的是（　　）。

    A. 工资标准就是工资等级

    B. 工资等级系数是指某一等级的工资标准与一级工工资标准的比值

    C. $K_n = (1.187)^{n-1}$

    D. $K_{4.8} = (1.187)^{3.8-1}$

3. 工资性补贴包括（　　）。

    A. 流动施工津贴　　B. 交通补贴　　　C. 附加工资　　　D. 住房公积金

4. 材料供应商供货到工地现场时，材料单价由（　　）构成。

    A. 原价　　　　B. 采购保管费　　　C. 运输费　　　　D. 手续费

5. 材料运杂费包括（ ）。

    A. 装卸费   B. 运输费

    C. 运输损耗费   D. 过路过桥费

6. 采购及保管费包括（ ）。

    A. 采购人员工资   B. 采购业务费

    C. 仓库保管费   D. 采购差旅费

7. 机械台班单价由（ ）构成。

    A. 第一类费用   B. 第二类费用

    C. 不变费用   D. 可变费用

8. 机械台班单价的第一类费用包括（ ）。

    A. 折旧费   B. 大修理费

    C. 经常修理费   D. 人工费

9. 机械台班单价的第二类费用包括（ ）。

    A. 燃料动力费   B. 人工费

    C. 养路费   D. 安拆及场外运输费

（三）判断题（判断并纠错，将正确的答案写在空行中）

1. 工程单价是指预算定额基价。（   ）

2. 含基价的预算定额也称单位估价表。（   ）

3. 人工单价是指工人的基本工资。（   ）

4. 五级工的工资等级系数 $K_5 = (1.187)^{5-1}$。（   ）

5. 预算定额的人工单价是综合平均单价。（   ）

6. 材料采购及保管费的计算基础是材料原价。（   ）

7. 预算定额基价中的人工费＝工程量×人工单价。（   ）

8. 当有两个以上材料供应商供应同一种材料时，应计算加权平均原价。（   ）

9. 运杂费就是运输费。（   ）

10. 无论采用什么方式供应和采购材料都应计算采购及保管费。（   ）

11. 机械台班单价是指一台机械工作一个班的价格。（   ）

12. 第二类费用是不变费用。（   ）

13. 台班经常修理费可以根据台班大修费计算。（　　）

14. 养路费属于第一类费用。（　　）

15. 机械台班预算价格中的人工费是第二类费用。（　　）

（四）计算题

1. 已知二级工的工资等级系数为 1.187，月工资标准为 39.95 元，求 5.5 级工的月工资标准。

　　解：

2. 已知抹灰工小组综合平均月工资标准为 315 元/月，月工资性补贴为 280 元/月，月保险费 120 元/月，求人工单价。

　　解：

3. 已知外墙涂料由三个来源地供货，根据下列资料计算其材料单价。

货源地	供货数量 （kg）	供货单价 （元/kg）	运输单价 （元/t）	装卸费 （元/t）	运输损耗率 （%）	采购保管费率 （%）
甲	2000	45	50	20	2	2.5
乙	1800	43	60	23	2	2.5
丙	1000	39	65	26	2	2.5

　　解：

4. 已知 φ12 钢筋供货地有四个，根据下列资料计算其材料单价。

货源地	供货数量 （t）	供货单价 （元/t）	运输单价 （元/t）	装卸费 （元/t）	运输损耗率 （%）	采购保管费率 （%）
A	2400	3100	24	18	1.2	2
B	3800	3180	32	23	1.2	2
C	1020	3090	22	25	1.2	2
D	1700	2980	33	26	1.2	2

解：

第七章　预算定额的应用

一、学习要点

1. 预算定额一般由总说明、分部说明、分节说明、建筑面积计算规则、工程量计算规则、分项工程内容和消耗指标、分项工程基价和附录构成，其核心内容为分项工程消耗指标。

2. 预算定额的使用包括直接套用和定额换算。

3. 定额换算有四种类型，掌握了砂浆换算的方法就基本掌握了预算定额的换算思路和计算过程。

4. 抹灰砂浆换算公式，是各换算方法中典型的换算公式，其他换算公式都可以通过它变化而成。

二、你知道了吗

1. 预算定额由哪些内容构成？

2. 为什么要进行定额换算？

3. 定额换算有哪几种类型？

4. 定额换算的基本思路和基本公式是什么？

三、作业练习

（一）选择题

1. 预算定额一般由（　　）构成。

　A. 文字说明　　　　B. 图文说明　　　　C. 分项工程项目表　　　　D. 附录

2. 预算定额的换算类型有（　　）。

A. 砂浆换算　　　　B. 混凝土换算　　　C. 系数换算　　　　　D. 其他换算

3. 砌筑砂浆的换算特点是（　　　）。

A. 人工费不变　　　B. 材料费不变　　　C. 机械费不变　　　　D. 水泥量不变

4. 从理论上讲，当抹灰厚度发生变化时，（　　　）均要换算。

A. 人工费　　　　　B. 材料费　　　　　C. 机械费　　　　　　D. 管理费

5. 构件混凝土换算一般与（　　　）有关。

A. 混凝土强度等级　　　　　　　　　B. 石子规格

C. 砂子规格　　　　　　　　　　　　D. 混凝土类型

6. 在用单价法编制施工图预算时，当施工图纸的某些设计要求与定额单价特征相差甚远或完全不同时，应（　　　）。

A. 直接套用定额　　　　　　　　　　B. 对定额基价进行调整

C. 按定额说明对定额基价进行换算　　D. 补充单位估价表或补充定额

7. 在用单价法编制施工图预算时，当施工图纸的某些设计要求与定额单价特征有部分差异时，应（　　　）。

A. 直接套用定额　　　　　　　　　　B. 按定额说明对定额基价进行换算

C. 对定额基价进行调整　　　　　　　D. 补充单位估价表或补充定额

（二）预算定额的套用与换算

1. 详见基本功训练之一：给分项工程项目套定额编号。

2. 详见基本功训练之二：定额的套用。

3. 详见基本功训练之三：定额的换算。

基本功训练之一

给分项工程项目套定额编号

一、目的

1. 熟悉预算定额中分部分项工程的内容；

2. 了解施工图预算的分项工程项目与定额子目的一一对应关系；

3. 了解单价换算（定额换算）产生的原因。

二、要求

1. 按表 7-1 中所给的分项工程项目，根据本地区建筑工程计价定额，套用相应的定额编号和定额单位。

2. 当表 7-1 中的分项工程项目在定额中找不到相同内容的子目号时，可以按定额规定套用内容相近的子目号，并要写清楚×××换。

三、说明

本练习题中的混凝土、水泥砂浆（抹灰）采用中砂，砌筑砂浆和抹灰砂浆中的混合砂浆采用细砂。

分项工程项目

表 7-1

序号	定额号	单位	分项工程名称
			A. 土石方工程
1			人工平整场地
2			人工挖地槽(深度 2.5m)
3			人工挖地坑(深度 1.8m)
4			人工挖土方(深度 1.2m)
5			人工挖土方(深度 3.2m)
6			基础回填土夯实
7			室内回填土夯实
8			人工运土方(运距 70m)
9			拖拉机运土方(运距 3km)
10			地槽支木挡板(密撑木支撑)
11			机械挖运土方(全程运距 80m)
			B. 桩基工程
12			打预制混凝土方桩(桩长 10m)
13			人工挖孔桩土方(H=10m)
14			打送桩
15			挖孔桩 C20 混凝土护壁
16			现浇 C20 混凝土挖孔桩芯
17			钻孔灌注混凝土桩(一般地层,桩径 800mm)
18			打孔灌注混凝土桩(一般地层,深度 12m)
			C. 砖石工程
19			M5 混合砂浆砌砖基础
20			M7.5 混合砂浆砌砖墙
21			M10 混合砂浆砌空花墙
22			M2.5 混合砂浆砌方形砖柱
23			M10 水泥砂浆砌圆形砖柱
24			M7.5 混合砂浆砌加气混凝土砌块墙
25			M5 混合砂浆砖墙原浆勾缝

序号	定额号	单位	分项工程名称
26			1：2 水泥砂浆墙面加浆勾缝
27			M2.5 混合砂浆砌砖围墙
28			M5 混合砂浆砌阳台栏杆
29			砖砌体内钢筋加固(7 度抗震)
30			M5 水泥砂浆砌毛条石基础
31			M5 混合砂浆砌清条石勒脚
32			M10 混合砂浆砌清条石墙
			D. 脚手架工程
33			综合脚手架(多层,檐口高 19m)
34			综合脚手架(单层,檐口高 8m)
35			围墙砌筑 2.2m 高搭设脚手架
36			钢筋混凝土水池 1.5m 高搭设脚手架
37			满堂基础脚手架
			E. 混凝土及钢筋混凝土
38			现浇 C15 钢筋混凝土带形基础及模板安拆
39			现浇 C20 钢筋混凝土杯形基础及模板安拆
40			现浇 C25 钢筋混凝土满堂基础及模板安拆
41			现浇 C20 钢筋混凝土挖孔桩护壁及模板安拆
42			现浇 C25 钢筋混凝土矩形柱及模板安拆
43			现浇 C25 钢筋混凝土异形柱及模板安拆
44			现浇 C20 钢筋混凝土构造柱及模板安拆
45			现浇 C25 钢筋混凝土过梁及模板安拆
46			现浇 C20 钢筋混凝土圈梁及模板安拆
47			现浇 C20 钢筋混凝土花篮梁及模板安拆
48			现浇 C25 钢筋混凝土挑梁及模板安拆
49			现浇 C20 钢筋混凝土直形墙(30mm)及模板安拆
50			现浇 C25 钢筋混凝土弧形墙(25mm)及模板安拆
51			现浇 C15 毛石混凝土挡土墙
52			现浇板高度 4.8m 增加模板费

序号	定额号	单位	分项工程名称
53			现浇 C30 钢筋混凝土平板及钢模板安拆
54			现浇 C20 钢筋混凝土雨篷及模板安拆
55			现浇 C20 钢筋混凝土整体楼梯及模板安拆
56			现浇 C20 钢筋混凝土阳台扶手及模板安拆
57			现浇 C15 钢筋混凝土女儿墙压顶及模板安拆
58			现浇梁高度 4.8m 增加模板费
59			预制 C30 钢筋混凝土矩形柱
60			预制 C30 钢筋混凝土方柱
61			预制 C25 钢筋混凝土围墙柱
62			预制 C25 钢筋混凝土工字柱
63			预制 C30 钢筋混凝土过梁
64			预制 C20 钢筋混凝土阳台封口梁
65			预制 C30 钢筋混凝土花篮梁
66			预制 C25 钢筋混凝土平板
67			预制 C30 钢筋混凝土空心板
68			预制 C25 钢筋混凝土槽形板
69			预制 C25 钢筋混凝土楼梯踏步板
70			预制 C20 钢筋混凝土阳台隔断
71			预制 C25 钢筋混凝土花格
72			预制 C30 钢筋混凝土预应力空心板
73			预制构件钢筋制安
74			现浇构件钢筋制安
75			预应力构件钢筋制安(先张法)
76			预埋铁件制安
77			二类构件运输(汽车运 5km)
78			三类构件运输(人力车运 2km)
79			过梁安装及接头灌浆
80			矩形柱安装及接头灌浆

序号	定额号	单位	分项工程名称
81			空心板安装及接头灌浆
82			花格安砌
83			踏步板安装及接头灌浆
84			阳台隔断板安装及接头灌浆
85			3：7灰土地面垫层
86			C15混凝土地面垫层
87			C20混凝土基础垫层
88			C15混凝土地面面层(厚100mm,砾石5～20mm)
89			C20混凝土地面面层(厚60mm,砾石5～20mm)
90			C20混凝土屋面架空隔热板安装(板厚40mm)
			F. 金属结构工程
91			钢柱制作安装
92			踏步式扶梯制作安装
93			单层钢窗安装
94			组合钢窗安装
95			防盗门安装
96			铁栅门制作安装
97			钢柱运输(汽车运3km)
98			钢扶梯运输(汽车运3km)
99			钢窗上安装铁窗栅
			G. 木结构工程
100			单层玻璃窗制作(框断面54cm²)
101			一玻一纱窗制作
102			矩形木百叶窗制作(不带纱窗)
103			纱窗扇制作
104			木窗上插钢筋棍
105			单层玻璃窗安装
106			一玻一纱窗安装

序号	定额号	单位	分项工程名称
107			矩形木百叶窗安装(不带纱扇)
108			单层镶板门制作(框断面52cm², 无亮)
109			半截玻璃胶合板门制作(框断面60cm²)
110			半玻镶板门带窗制作(框断面60cm²)
111			半百叶门制作(框断面54cm²)
112			浴室隔断上小门扇制作(拼板)
113			单层镶板门安装(无亮)
114			胶合板门安装(无亮)
115			半百叶门安装
116			半玻镶板门带窗安装
117			浴室隔断上小门扇安装
118			单层木窗钉角铁
119			厂房钢木推拉门制作安装
120			门窗贴脸制作安装
121			门窗运输(人力车运输1500m)
122			钢木屋架制安(跨度15m)
123			屋面枬木制安(有铁件,方枬木需刨光)
124			平口屋面板制作(18mm毛料)
			H. 防水、防潮工程
125			1∶2防水砂浆墙基防潮层
126			地面刷冷底子油两遍
127			屋面分格缝灌石油沥青玛琋脂
128			小波石棉瓦屋面(钢檩上)
129			玻璃钢瓦屋面(铺在钢檩上)
130			二毡三油一砂防水屋面
131			C20钢筋混凝土刚性屋面(厚度5cm)
132			塑料水落管安装(φ110mm)
133			塑料吐水管安装

序号	定额号	单位	分项工程名称
			I. 耐酸、防腐、保温、隔热工程
134			1:6水泥炉渣屋面保温层
135			屋面干铺珍珠岩保温层
			J. 抹灰工程
136			1:2水泥砂浆屋面找平层20mm厚(混凝土基层)
137			1:2水泥砂浆楼地面面层(20mm厚)
138			1:2水泥砂浆楼梯面层(20mm厚)
139			1:2水泥砂浆踢脚线
140			1:2彩色水磨石楼地面(面15mm,底25mm厚)
141			1:2普通水磨石台阶面层
142			水磨石地面整体面层打蜡
143			1:2水泥豆石楼梯面(25mm厚)
144			1:2.5石灰砂浆底,纸筋灰浆面砖墙抹灰
145			1:2水泥砂浆砖墙面抹灰20mm厚
146			水泥砂浆砖墙面抹灰25mm厚
147			水泥砂浆抹窗台线
148			砖柱面混合砂浆抹灰
149			外墙石英砂浆搓砂墙面
150			水泥砂浆预制板底勾缝
151			顶棚装饰线(三道)
152			混合砂浆底,纸筋灰浆面预制板底抹灰
153			水泥砂浆现浇板底抹灰
154			砖砌外墙水刷石面
155			阳台栏板外侧面干粘石面(彩色)
156			水泥豆石墙裙
157			普通干粘石混凝土墙面
			K. 油漆、涂料工程
158			单层木门底油一遍,调合漆二遍

序号	定额号	单位	分项工程名称
159			单层木窗底油一遍,调合漆二遍
160			单层钢窗刷调合漆三遍
161			金属栏杆刷防锈漆二遍
162			金属栏杆刷调合漆二遍
163			内墙抹灰面油漆墙裙(底油一遍,调合漆二遍)
164			墙面仿瓷涂料二遍
165			抹灰墙面,顶棚面刷 106 涂料三遍
166			混凝土花格窗刷白水泥二遍
			M. 零星工程
167			预制钢筋混凝土壁龛水泥砂浆面(900mm 宽)
168			砖砌污水池瓷砖面
169			卫生间单面瓷砖面盥洗台
170			钢筋混凝土隔板蹲式厕所瓷砖面
171			砖砌小便槽,瓷砖面
172			砖砌台阶水泥砂浆面
173			砖砌明沟
174			混凝土散水(80mm 厚)
			N. 其他工程
175			砖混结构(6 层)垂直运输机械费(卷扬机)
176			砖混结构檐高 25m 垂直运输机械费(塔式起重机)
177			超高施工增加费(24m)
178			塔式起重机基础(轨道式)
179			塔式起重机进场费(6t)
180			塔式起重机安拆费(6t)

基本功训练之二

定额的套用

一、目的

通过对定额的套用，了解定额基价的构成，进一步熟悉定额中的分部分项工程内容和定额单位，掌握定额套用的基本方法，为进行直接工程费的计算打下基础。

二、要求

根据本地区建筑工程计价定额，查出表 7-2 中各分项工程的定额编号、单位、基价、人工费、机械费，填入表中。

分项工程项目 表 7-2

序号	定额号	分项工程名称	单位	基价	人工费	机械费
1		人工平整场地				
2		人工挖基槽（$H=1.8$m）				
3		人工挖土方（$H=1.2$m）				
4		C15 混凝土基础垫层				
5		M10 水泥砂浆砖基础				
6		M5 混合砂浆砌砖墙				
7		1：2 防水砂浆墙基防潮层				
8		现浇 C20 混凝土地圈梁				
9		基础回填土夯实				
10		拖拉机运土方（2km）				
11		M2.5 混合砂浆砌阳台栏板				
12		综合脚手架（多层 21m）				
13		现浇 C20 混凝土楼梯基础底座				
14		现浇 C25 混凝土过梁				
15		现浇 C20 混凝土圈梁				
16		现浇 C15 混凝土台阶砂浆面				
17		现浇 C25 混凝土花篮梁				
18		现浇混凝土基础垫层模板制安				
19		现浇混凝土梁模板制安				
20		现浇混凝土板模板制安				
21		C15 混凝土地面垫层				

序号	定额号	分项工程名称	单位	基价	人工费	机械费
22		C20 混凝土整体面层(80mm 厚,砾石 5～20mm)				
23		预制 C25 混凝土梁				
24		预制 C25 混凝土板				
25		预制 C25 混凝土楼梯踏步				
26		C30 混凝土预应力空心板制作				
27		预制梁安装				
28		预制板安装				
29		预应力空心板安装				
30		预制混凝土楼梯踏步安装				
31		屋面架空隔热板安装(平板 40mm 厚 C20)				
32		Ⅱ类构件运输 3km(汽车运)				
33		Ⅲ类构件运输 3km(汽车运)				
34		现浇构件钢筋制安 ϕ10 以上				
35		预制构件钢筋制安 ϕ10 以内				
36		预应力构件钢筋制安(高强 ϕ5 内)				
37		预埋铁件				
38		金属栏杆制安(钢管扶手)				
39		防盗门安装				
40		金属构件汽车运输(Ⅱ类构件)2km				
41		单层玻璃窗制作(框 45cm² 以内)				
42		单层玻璃窗安装				
43		单层镶板门制作(有亮,框 52cm² 以内)				
44		单层镶板门安装(有亮)				
45		门窗运输(汽运 1km)				
46		塑料油膏防水层一布二油(厚 5mm)				
47		三毡四油防水层(玻纤胎)				
48		细石混凝土刚性屋面(40mm 厚,有筋)				
49		ϕ110mm 塑料水落管				
50		散水伸缩缝灌沥青				

序号	定额号	分项工程名称	单位	基价	人工费	机械费
51		水泥炉渣屋面保温层				
52		1：2 水泥砂浆楼地面面层(20mm 厚)				
53		1：2 豆石楼梯面面层(25mm 厚)				
54		彩色水磨石地面(1：2(水泥彩色石子浆),底 25mm,面 15mm)				
55		1：2 水泥砂浆踢脚线				
56		水磨石地面金属嵌条				
57		水泥砂浆砖墙面抹灰(20mm 厚)				
58		水泥砂浆砖墙面抹灰(25mm 厚)				
59		水刷石砖墙面				
60		纸筋灰浆面顶棚抹灰				
61		预制板底水泥砂浆勾缝				
62		单层木门底油一遍调合漆二遍				
63		单层木窗底油一遍调合漆二遍				
64		单层钢门窗刷防锈漆一遍				
65		内墙面仿瓷涂料二遍				
66		混凝土花饰栏杆刷白水泥二遍				
67		砖砌明沟				
68		C15 混凝土散水(60mm 厚)				
69		垂直运输机械费(砖混 6 层,卷扬机)				
70		垂直运输机械费(砖混 25m,塔式起重机)				
71		建筑物超高施工增加费(32m)				
72		塔式起重机轨道式基础(双轨)				
73		塔式起重机(6t)安拆费				
74		塔式起重机(6t)进场费				

基本功训练之三

定额的换算

一、目的

进一步熟悉预算定额的组成与基本内容；掌握定额基价的构成；了解定额中有关换算的规定和换算的内容；能依据定额规定，正确地进行定额基价的换算。

二、要求

根据本地区建筑工程计价定额、建筑工程计价定额附录，查找出下列各分项工程的相似定额，并按定额的有关规定进行列式换算，将换算后的结果写出来（包括换后基价、人工费、机械费以及换后材料用量）。

三、说明

本训练习题中，混凝土、水泥砂浆（抹灰）采用中砂，砌筑砂浆和抹灰砂浆中的混合砂浆采用细砂。

四、习题

分项工程项目内容

1. M2.5 混合砂浆砌砖墙。

2. M10 混合砂浆砌方形砖柱。

3. M5 水泥砂浆砌清条石墙身。

4. 1：2 水泥砂浆砖墙面加浆勾缝。

5. 1：2.5 水泥砂浆底，1：2 水泥砂浆面砖柱抹灰 20mm 厚。

6. 1：1：4 混合砂浆底，1：0.3：2.5 混合砂浆面抹毛石墙。

7. 1：3 水泥砂浆底，1：2.5 水泥白石子浆水刷石砖墙面。

8. 现浇 C30 混凝土杯形基础。

9. 现浇 C25 混凝土构造柱。

10. 现浇 C25 混凝土基础垫层。

11. 现浇 C25 混凝土整体面层（100mm 厚，砾石 5~20mm）。

12. 预制 C15 混凝土平板。

13. 预制 C15 混凝土楼梯踏步。

14. 人工挖土方（$H=2.5$m）。

15. 人工挖基坑（$H=6.2$m）。

16. M5 混合砂浆砌弧形砖墙。

17. 彩色水磨石楼地面（1：2.5 水泥砂浆底 25mm 厚，1：2 水泥砂浆面 20mm 厚，加 8％矿物颜料）。

18. 1：3水泥砂浆楼面找平层（混凝土基层 25mm 厚）。

19. 屋面油浸麻丝变形缝（30mm×120mm），建筑油膏嵌缝（30mm×20mm）。

20. 1：8水泥炉渣屋面保温找坡层。

21. 拖拉机运土方（运距 2km）。

22. 1：2水泥砂浆抹楼梯面（20mm 厚，设金刚砂防滑条）。

23. 混凝土台阶水泥砂浆面（特细砂）。

第八章　运用统筹法计算工程量

一、学习要点

1. 统筹法是提高工作质量和效率的科学管理方法。

2. 应用统筹法计算工程量的要点是"统筹程序、合理安排、利用基数、连续计算"。

3. 基数是指"三线一面"，即：外墙中心线、内墙净长线、外墙外边线和建筑底层面积。

二、你知道了吗

1. 什么是基数，有何意义？

2. 怎样理解应用统筹法计算工程量的要点？

3. "三线一面"分别可以用来计算哪些项目的工程量？

三、作业练习

（一）选择题

1. "三线一面"是指（　　）。

　　A. 外墙中心线，内墙净长线　　　　　B. 外墙外边线，内墙中心线

　　C. 外墙外边线，建筑底层面积　　　　D. 外墙外边线，底层建筑面积

2. 计算墙体砌筑与抹灰工程量时，用到的基数有（　　）。

　　A. 外墙中心线　　　　　　　　　　　B. 内墙净长线

　　C. 外墙外边线　　　　　　　　　　　D. 内墙中心线

3. 计算地面面层工程量时，可利用（　　）计算。

　　A. 底层建筑面积　　　　　　　　　　B. 建筑底层面积

　　C. 底层建筑面积－结构面积　　　　　D. 建筑底层面积－结构面积

4. 工程量计算的特点是（　　）。

　　A. 项目多　　　　　　B. 数据量大　　　　　C. 费时间　　　　D. 必须连续计算

5. 统筹法计算工程量的要点是（　　）。

　　A. 统筹程序、合理安排　　　　　　　　B. 利用基数、连续计算

C. 抓住问题，各个击破 　　　　　　　　 D. 方法简便、多快好省

6. 外墙中心线长可以计算（　　）工程量。

    A. 外墙垫层　　　　B. 外墙基础　　　　C. 外墙圈梁　　　D. 外墙门窗

7. 内墙净长可以计算内墙（　　）工程量。

    A. 基槽　　　　　　B. 墙体　　　　　　C. 墙基防潮层　　D. 基础

8. 外墙外边长可以计算（　　）工程量。

    A. 人工平整场地　　B. 散水　　　　　　C. 墙脚明沟　　　D. 散水伸缩缝

（二）判断题（判断并纠错，将正确的答案写在空行中）

1. "三线一面"是指由三条线围成的一个面。（　　）

2. 利用 $L_{外}$ 可以计算散水面积。（　　）

3. $L_{中}$ 是计算内、外墙体工程量的基数。（　　）

4. 底层建筑面积是计算平整场地工程量的基数。（　　）

5. 建筑底层面积是计算平整场地工程量的基数。（　　）

6. 底层建筑面积就是建筑底层面积。（　　）

7. 底层净面积就是底层面积。（　　）

（三）计算题

1. 根据"××活动室"施工图，计算"三线一面"基数。

解： $L_{中} =$

    $L_{内} =$

    $L_{外} =$

    $S_{底} =$

2. 根据"××活动室"施工图和第 1 题中确定的该工程的"三线一面"基数、本地区建筑工程预算定额，计算下列项目工程量：

解：（1）人工平整场地

（2）人工挖地槽土方（有工作面、不放坡）

（3）C15 混凝土基础垫层

（4）M5 水泥砂浆砌砖基础

（5）地槽回填土

（6）1∶2 水泥砂浆墙基防潮层

（7）人工运土（200m）

3. 根据"××活动室"施工图，计算下列门、窗制作、运输、安装、油漆项目的工程量。

解：（1）单层玻璃窗

制作＝　　　　　运输＝　　　　　安装＝　　　　　油漆＝

（2）单层镶板门

制作＝　　　　　运输＝　　　　　安装＝　　　　　油漆＝

（3）半玻镶板门

制作＝　　　　　运输＝　　　　　安装＝　　　　　油漆＝

4. 根据"××活动室"施工图和计算的基数及门、窗工程量，计算 M5 混合砂浆砌砖墙工程量。

解：M5 混合砂浆砌砖墙＝

5. 根据"××活动室"施工图和 $S_{底}$ 基数，计算下列项目工程量：

解：（1）彩色水磨石地面面层 20mm 厚

（2）C15 混凝土地面垫层

（3）室内回填土

（4）混合砂浆抹顶棚面

（5）1：3 水泥砂浆屋面找平层

（6）1：2 水泥砂浆屋面面层

（7）C20 细石混凝土刚性屋面 30mm 厚

6. 根据"××活动室"施工图和 $L_{外}$ 基数，计算下列项目工程量：

解：（1）C15 混凝土散水 80mm 厚

（2）散水沥青砂浆伸缩缝

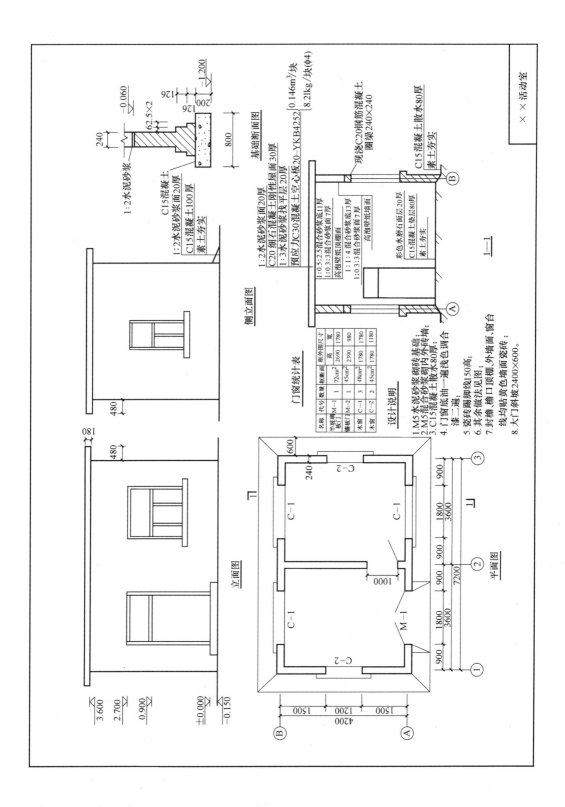

基础断面图

侧立面图

1—1

立面图

平面图

门窗统计表

名称	代号	数量	截断面面积	框外围尺寸	
				高	宽
半玻璃镶板门	M-1	1	72cm²	2690	1780
镶板门	M-2	1	45cm²	2390	980
木窗	C-1	3	48cm²	1780	1780
木窗	C-2	2	45cm²	1780	1180

设计说明

1. M5水泥砂浆砌砖基础；
2. M5混合砂浆砌内外砖墙；
3. C15混凝土散水80厚。
4. 门窗底油一遍浅色调合漆二遍；
5. 瓷砖踢脚线50高；
6. 其余做法见图；
7. 封檐、檐口顶棚、外墙面、窗台线均贴黄色墙面瓷砖；
8. 大门斜坡2400×600。

第九章　建筑面积计算

一、学习要点

1. 建筑面积由使用面积、辅助面积和结构面积构成。

2. 与建筑面积相关的工程量有：平整场地、综合脚手架、高层建筑施工增加费、垂直运输机械费等。

3. 建筑面积是一项重要的指标，是计算其他技术经济指标的依据。

4. 掌握建筑面积计算规范中的规定，能区别应该计算全面积和一半建筑面积的范围，明确不计算建筑面积的范围。

二、你知道了吗

1. 计算建筑面积有何用？

2. 举例说明应计算建筑面积的内容。

3. 举例说明应按 1/2 计算建筑面积的内容。

4. 举例说明不计算建筑面积的内容。

三、作业练习

（一）单项选择

1. 一幢 6 层住宅，勒脚以上结构的外围水平面积，每层为 448.38m²，6 层无围护结构的挑阳台的水平投影面积之和为 108m²。则该工程的建筑面积为（　　）。

　　A. 556.38m²　　　B. 502.38m²　　　C. 2744.28m²　　　D. 2798.28m²

2. 某 2 层矩形砖混结构建筑，长为 20m，宽为 10m（均为轴线尺寸），抹灰厚为 2.5cm，内外墙均为一砖厚，则该建筑物的建筑面积为（　　）。

　　A. 207.26m²　　　B. 414.52m²　　　C. 208.02m²　　　D. 416.04m²

3. 某单层工业厂房，其总高相当于普通房屋五层高。其外墙勒脚外围面积为

1521.6m²，外墙勒脚以上的结构外围水平面积为 1519.2m²，内有局部 2 层办公用房，办公用房外墙外围水平面积为 300m²。其建筑面积应为（   ）。

    A. 1521.6m²   B. 1519.2m²   C. 1819.2m²   D. 2119.2m²

    4. 地下室、半地下室等处的建筑面积（   ）。

    A. 不应计算

    B. 按其外墙上口外围水平面积计算

    C. 按其外墙上口水平面积计算

    D. 按其外墙上口外围水平面积的一半计算

    5. 以下项目不应计算建筑面积的有（   ）。

    A. 层高为 2.0m 的地下商场

    B. 层高为 2.4m 的设备管道层

    C. 外挑宽度 1.8m 的悬挑雨篷

    D. 层高为 2.3m 设计利用的吊脚架空层

    6. 某建筑为五楼一底设有外走廊的工程，有盖无柱的挑廊，每层挑出外墙的宽度为 1.8m，长度为 20m，则该工程走廊挑廊处的建筑面积为（   ）。

    A. 108m²   B. 216m²   C. 180m²   D. 90m²

    7.《建筑工程建筑面积计算规范》中规定阳台（   ）计算建筑面积。

    A. 按水平投影面积的一半

    B. 按水平投影面积

    C. 有围护结构的按水平投影面积

    D. 无围护结构的按水平投影面积的一半

    8. 某多层建筑物层高为 3.3m，首层有一大厅，净高 6.6m，其大厅建筑面积按（   ）计算。

    A. 一层   B. 一层半   C. 二层   D. 水平投影面积的一半

    9. 住宅工程的单方造价是指（   ）。

    A. 工程造价与居住面积的比值

    B. 工程造价与使用面积的比值

    C. 工程造价与建筑面积的比值

    D. 工程造价与有效面积的比值

    10. 建筑物内的变形缝、沉降缝应（   ）计算建筑面积。

    A. 按其自然层   B. 按其一层   C. 不   D. 按其设计面积

    11. 室外楼梯的建筑面积（   ）计算。

    A. 应按水平投影面积

    B. 应按结构外围水平面积

    C. 不

    D. 应按自然层水平投影面积的 1/2

    12. 两建筑物间有顶盖无围护结构的架空走廊其建筑面积按（   ）。

    A. 走廊底板水平面积计算

    B. 走廊底板水平面积的 1/2 计算

    C. 走廊顶盖水平投影面积计算

    D. 走廊顶盖水平投影面积的 1/2 计算

    13. 某多层建筑物层高 3.2m，其建筑物内的电梯井、垃圾道的建筑面积应当（   ）。

    A. 按建筑物自然层计算

    B. 按一层计算

    C. 按建筑物自然层面积的 1/2 计算

    D. 不计算

    14. 以下项目中不计算建筑面积的有（   ）。

    A. 走廊   B. 台阶   C. 2.3m 技术层   D. 阳台

    15. 建筑面积是指（   ）之和。

    A. 使用面积与辅助面积

    B. 使用面积与结构面积

    C. 辅助面积与结构面积

    D. 有效面积与结构面积

    （二）多项选择

    1. 建筑面积是指建筑各层面积的总和，它包括（   ）。

A. 辅助面积   B. 附属面积   C. 结构面积

D. 基础面积   E. 使用面积

2. 下列项目中可直接用建筑面积确定工程量的有 （   ）。

A. 脚手架   B. 垂直运输机械使用费

C. 场地平整   D. 超高施工增加费

3. 下列不应计算建筑面积的项目有 （   ）。

A. 飘窗   B. 台阶   C. 垃圾道   D. 自动扶梯

4. 下列不应计算建筑面积的项目有 （   ）。

A. 散水   B. 悬挑 1.5m 的雨篷   C. 伸缩缝   D. 楼梯井

5. 单层建筑物应按其外墙勒脚以上结构外围水平面积计算建筑面积，并应符合下列规定 （   ）。

A. 高度 2.20m

B. 高度 2.20m 以上

C. 高度不足 2.20m 应计算 1/2 面积

D. 利用坡屋顶内空间时净高超过 2.10m 部位

6. 利用坡屋顶内空间时 （   ）。

A. 净高在 1.20～2.10m 的部位应计算 1/2 面积

B. 净高不足 1.20m 的部位不应计算面积

C. 净高在 4.20m 以上的部位应计算 2 倍面积

D. 净高在 3.0m 以上的部位才能计算面积

7. 单层建筑物内设有局部楼层者，局部楼层的二层及以上楼层（   ）。

A. 有围护结构的应按其围护结构外围水平面积计算建筑面积

B. 无围护结构的应按其结构底板水平面积计算建筑面积

C. 层高在 2.20m 及以上者应计算全面积

D. 层高不足 2.20m 者应计算 1/2 面积

8. 多层建筑物首层应按其外墙勒脚以上结构外围水平面积计算，二层及以上楼层应按其外墙结构外围水平面积计算，（   ）。

A. 层高 2.20m 者计算全面积   B. 层高超过 2.2m 者计算全面积

C. 层高不足 2.20m 者应计算 1/2 面积   D. 层高不足 1.5m 者不计算面积

9. 门厅、大厅内设有回廊时，（   ）。

A. 应按其结构底板水平面积计算建筑面积

B. 层高在 2.20m 及以上者计算全面积

C. 层高不足 2.20m 者应计算 1/2 面积

D. 层高不足 1.20m 者不计算建筑面积

10. 立体书库的建筑面积（   ）。

A. 无结构层的应按一层计算

B. 有结构层的应按其结构层面积分别计算

C. 层高在 2.20m 及以上者计算全面积

D. 层高不足 2.20m 者应计算 1/2 面积

11. 建筑物外有围护结构的（　　　）应按其围护结构外围水平面积计算建筑面积。

    A. 落地橱窗　　　B. 骑楼　　　　　　C. 飘窗　　　　　　D. 走廊

12. 建筑物顶部有围护结构的楼梯间、水箱间、电梯机房（　　　）。

    A. 层高 2.20m 者应计算建筑面积

    B. 层高 2.20m 以上者应计算建筑面积

    C. 层高不足 2.20m 者应计算 1/2 建筑面积

    D. 层高不足 1.8m 者不计算建筑面积

13. （　　　）结构的外边线至外墙结构外边线宽度超过 2.10m 者，应按雨篷结构板的水平投影面积的 1/2 计算建筑面积。

    A. 无柱雨篷　　　B. 有柱雨篷　　　　C. 独立柱雨篷　　　D. 吊雨篷

14. 建筑面积包括（　　　）。

    A. 使用面积　　　B. 辅助面积　　　　C. 共用面积　　　　D. 结构面积

15. 建筑物中的（　　　）属于辅助面积。

    A. 楼梯　　　　　B. 走道　　　　　　C. 卫生间　　　　　D. 厨房

16. 建筑面积是评价（　　　）的重要尺度。

    A. 建设规模　　　B. 投资效益　　　　C. 建设成本　　　　D. 工程质量

（三）判断题（判断并纠错，将正确的答案写在空行中）

1. 建筑面积是工程的重要的技术经济指标。（　　　）

2. 垃圾道不计算建筑面积。（　　　）

3. 雨篷应计算建筑面积。（　　　）

4. 凸出墙外的砖柱不计算建筑面积。（　　　）

5. 建筑物内的天井按一层计算建筑面积。（　　　）

6. 层高是指上下两层之间的净高。（　　　）

7. 屋顶楼梯间不计算建筑面积。（　　　）

8. 为房间采光和美化造型而设置的凸出外墙的窗叫飘窗。（　　　）

9. 建筑物内的变形缝不计算建筑面积。（　　　）

10. 室外楼梯应按水平投影计算其建筑面积。（　　　）

11. 屋顶花园按设计面积的 1/2 计算建筑面积。（　　　）

12. 有柱的挑廊按其水平投影面积的 1/2 计算建筑面积。（   ）

（四）计算题

1. 某拟建工程，地面以上共 12 层，其他设计情况如下：

（1）有 1 层地下室，层高 4.5m，并把深基础加以利用作地下架空层，架空层层高 2.8m；

（2）第 3 层为设备管道层，层高为 2.2m；

（3）底层勒脚以上外围水平投影面积为 600m²，2～12 层外墙外围水平投影面积均为 600m²；

（4）大楼入口处有一台阶，水平投影面积为 10m²，上面设有矩形雨篷，两个圆形柱支撑，其顶盖悬挑出外墙面 2400mm，水平投影面积为 19.2m²，柱外围水平投影面积为 16m²；

（5）屋面上部设有楼梯间及电梯机房，其围护结构外围面积为 40m²；

（6）底层设有中央大厅，跨二层楼高，大厅面积为 200m²；

（7）地下室上口外墙外围水平面积为 600m²，如加上采光井、防潮层及保护墙，则外围水平面积为 650m²，地下架空层外围水平面积为 600m²；

（8）室外设有 2 个自行车棚，其一为单排柱，其顶盖水平投影面积为 100m²，另一个为双排柱，其顶盖水平投影面积为 120m²，柱外围水平面积为 80m²。

问题：该工程的建筑面积是多少？

解：

2. 某建筑物为一栋 7 层框混结构房屋，并利用深基础架空层作设备层，层高 2.2m，外围水平面积 774.19m²；第 1 层框架结构，层高为 6m；外墙厚均为 240mm，外墙轴线尺寸为 15m×50m，第 1 层至第 5 层外围水平面积均为 765.66m²；第 6 层和第 7 层外墙的轴线尺寸为 6m×50m；除第 1 层外，其他各层均为混合结构，层高为 2.8m；在第 5 层至第 7 层有一室外楼梯；室外楼梯有顶盖，每层水平投影面积为 15m²；第 1 层设有带柱雨篷，雨篷顶盖水平投影面积为 40.5m²，雨篷柱外围水平面积为 32m²。

问题：该工程的建筑面积是多少？

解：

3. 根据"工程量计算练习图三"，某房屋建筑底层平面图，计算该工程的底层建筑面积。

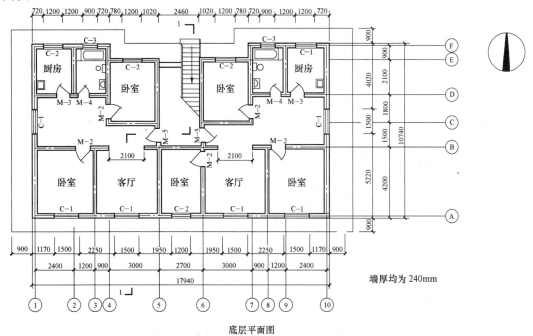

底层平面图

工程量计算练习图三

解：

第十章　土石方工程

一、学习要点

1. 平整场地与挖土方的区别在于挖填厚度是否超过±300mm，超过者按挖土方计算。

2. 人工平整场地计算公式包括了三个主要因素：一是建筑物底面积；二是外墙外边周长；三是每边放出 2m 的规定。

3. 沟槽与基坑的区别就在两个条件同时成立上分界，当槽底宽在 3m 以内且长度大于宽度 3 倍以上时，为沟槽，反之为基坑。

4. 放坡系数 K 值，实际上是放坡宽度与深度之比值。

5. KH 为放坡宽度。

6. $V=(a+2c+KH)HL$，是计算沟槽土方工程量的典型计算公式。

7. 放坡地坑计算公式中，$\frac{1}{3}K^2H^3$ 应掌握。

8. 挖孔桩的底部一般要计算球冠体积，其计算方法应掌握。

9. 由于槽、坑回填土标高与基础标高往往不在同一标高上，所以，在计算基础回填土工程量时，要调整工程量。

二、你知道了吗

1. $S_{底}+L_{外}×2+16$ 的含义是什么？

2. 放坡系数 K 值与槽、坑深度有什么关系？

3. 怎样计算地槽回填土？

4. 怎样计算房心回填土？

5. 地槽与地坑是怎样划分的？如何计算其工程量？

三、作业练习

（一）单项选择

1. 已知某建筑物外边线长 20m，宽 15m，则其平整场地工程量为（　　）。

    A. 456m²   B. 300m²   C. 374m²   D. 415m²

2. 凡坑底面积大于 20m²，挖土厚度在（　　）以外，则称挖土方。

    A. 10cm   B. 20cm   C. 30cm   D. 45cm

3. 基槽是指基底宽度在 3m 以内，基槽长度为基底宽度的（　　）以上。

    A. 2 倍   B. 1 倍   C. 4 倍   D. 3 倍

4. 沟槽底宽 3.1m，槽长 20m，槽深 0.4m 的挖土为（　　）。

　　A. 平整场地　　　B. 挖沟槽　　　C. 挖基坑　　　D. 一般土方

5. 建筑挖土一律以（　　）标高为准。

　　A. 室外设计　　　B. 室内设计　　　C. 室外自然　　　D. 基础顶面

6. 某建筑物底层平面形状为凹形，则在计算其平整场地工程量时，计算公式为：

$S_{平整场地}=S_{底}+2\times L_{外}+($　　$)$

　　A. 2　　　　　　B. 12　　　　　　C. 16　　　　　　D. 32

7. 某建筑物带形基础，基础底宽为 1.4m，挖土深度为 1.5m，基础长度为 26m，工作面宽度为 300mm，不放坡。则该基础土方挖方量为（　　）。

　　A. 78m³　　　　B. 82m³　　　　C. 60m³　　　　D. 54.6m³

8. 某建筑物底面积为 600m²，外墙中心线长 100m，内墙净长线长 20m，内外墙均为标准砖一砖厚，室内外高差为 45cm，地坪厚度 10cm，则室内回填土的工程量为（　　）。

　　A. 600m³　　　B. 571.2m³　　　C. 257.4m³　　　D. 199.92m³

9. 计算管沟回填土工程量时，管沟直径在（　　）以下时不扣除管道所占体积。

　　A. 300mm　　　B. 400mm　　　C. 500mm　　　D. 600mm

10. 原槽、坑作基础垫层时，土方开挖如需放坡，放坡应（　　）开始计算。

　　A. 自基础上表面　　B. 自槽坑底　　C. 自垫层上表面　　D. 自垫层下表面

11. 铲运机运土运距，按挖方区重心至（　　）距离计算。

　　A. 卸土区重心加转向 45m　　　　　B. 回填区重心之间的直线

　　C. 填土区（或堆放地点）重心的最短　　D. 填土区之间的最短

12. 在土石方工程中，土方体积均按（　　）计算。

　　A. 挖掘前的天然密实体积　　　　　B. 夯实体积

　　C. 虚方体积　　　　　　　　　　　D. 松填体积

（二）多项选择

1. 有关回填土工程量计算的正确描述是（　　）。

　　A. 基础回填土体积＝挖土体积－室外地坪标高以下埋设物的体积

　　B. 室内回填土体积＝底层主墙间净面积×（室内外高差－地坪厚度）

　　C. 室内回填土＝底层主墙间净面积×室内外高差

　　D. 管道沟槽回填土体积＝管道沟槽挖土体积－管径 500mm 以上的管道所占体积

2. 挖沟槽土方时，沟槽的长度按（　　）计算。

　　A. 外墙沟槽按外墙中心线长度　　B. 内墙沟槽按槽底净长线

　　C. 外墙沟槽按外墙外边线长度　　D. 内墙沟槽按内墙净长线

3. 挖土方放坡系数的确定，与（　　）因素有关。

　　A. 土的类别　　　B. 施工方法　　　C. 定额消耗量　　　D. 放坡起点

4. 下面列举的条件中，应执行挖土方项目的是（　　）。

　　A. 沟槽底宽在 3m 以内，且槽长大于槽宽 3 倍以上

　　B. 基坑面积在 20m² 以上，挖土深度在 30cm 以上者

　　C. 沟槽底宽在 3m 以上，基坑面积在 20m² 以上，挖土深度在 30cm 以上者

　　D. 沟槽底宽在 3m 以上，基坑面积在 20m² 以上

5. 土石方工程包括（　　）等项目内容。

    A. 平整场地　　　　B. 挖掘沟槽　　　　C. 打桩　　　　　　　D. 回填土

6. 人工平整场地工程量根据（　　）等数据计算。

    A. 建筑底面积　　　B. 底层建筑面积　　C. $L_{外}$　　　　　　　D. $L_{中}$

7. 在地槽土方工程量计算公式中，下列提法正确的是（　　）。

    A. H 是挖土深度　　　　　　　　B. K 是放坡系数

    C. b 是放坡宽度　　　　　　　　D. KH 是放坡宽度

8. 下列对于挖土标高确定错误的是（　　）。

    A. 自然地坪标高　　　　　　　　B. 交付施工场地标高

    C. 设计室外地坪标高　　　　　　D. 原土地坪标高

（三）判断题（判断并纠错，将正确的答案写在空行中）

1. 人工平整场地是指建筑场地挖、填土方厚度在 30cm 以上的找平。（　　）

2. 人工挖地槽土方的计算公式为 $V=(a+c+KH)HL$。（　　）

3. 人工挖地坑土方的计算公式为 $V=(a+c+KH)(b+c+KH)+K^2H^3$。（　　）

4. 球冠体的计算公式为 $V=\pi h^2\left(R-\dfrac{h}{3}\right)$。（　　）

5. 运土工程量等于挖土工程量。（　　）

6. 室内回填土＝建筑面积×回填土厚度。（　　）

7. 土方放坡宽度的确定为 KH。（　　）

8. 土方放坡的起点深度为 1.5m，正好 1.5m 时不放坡。（　　）

9. 平整场地工程量按建筑物首层面积以平方米计算。（　　）

10. 推土机推土运距，按挖方区重心至填土区（或堆放地点）重心的最短距离计算（　　）。

11. 挖沟槽需支挡土板时，其宽度按图示沟槽底宽，单面加 10cm，双面加 20cm 计算。（　　）

12. 机械挖土如遇有桩基，定额中人工、机械含量均乘以 2。（　　）

13. 人工挖孔桩土方量按图示桩断面积乘以设计桩孔中心线深度计算。（　　　）

（四）计算题

1. 根据"工程量计算练习图一"，计算该基础工程的人工挖地槽土方工程量。

解： Ⅰ-Ⅰ剖面　$L = L_{中} =$

　　　Ⅰ-Ⅰ剖面　人工挖地槽土方＝

　　　Ⅱ-Ⅱ剖面　$L = L_{内} =$

　　　Ⅱ-Ⅱ剖面　人工挖地槽土方＝

该基础工程的人工挖地槽土方工程量＝

2. 根据"工程量计算练习图二"，计算该基础工程的人工挖地槽土方工程量。

解： $L_{中} =$

　　　$L_{内} =$

　　　人工挖地槽土方＝

3. 根据"××活动室"施工图，计算该工程的人工挖地槽土方工程量（垫层底标高修正为－1.80m）。

解：

4. 根据"工程量计算练习图四"某基础工程施工图，已知该基础工程的垫层工程量为16.37m³，砖基础工程量为40.87m³，其中室外地坪以下的砖基础工程量为37.78m³，计算该基础工程的人工挖地槽、地坑、基础回填土、运土方等项目的工程量。

解： 人工挖地槽工程量＝

　　　地坑工程量＝

　　　基础回填土工程量＝

　　　运土方工程量＝

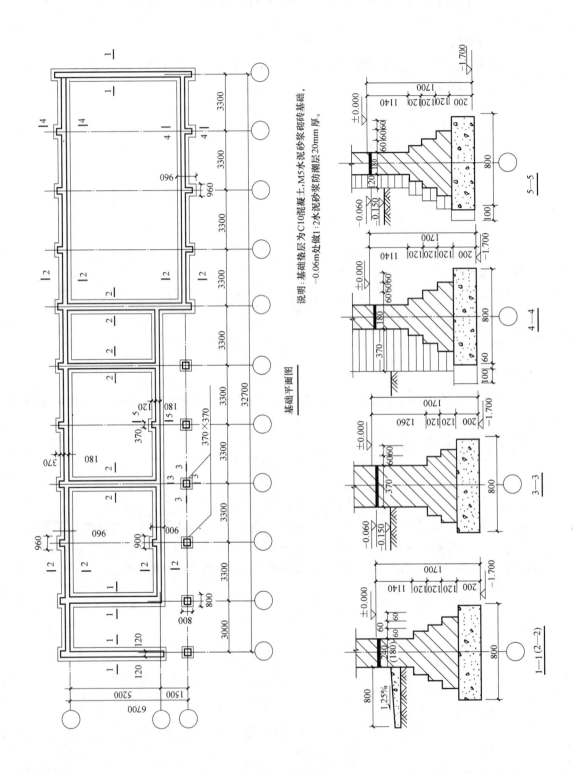

基础平面图

说明：基础垫层为C10混凝土，M5水泥砂浆砌砖基础，
—0.06m处做1:2水泥砂浆防潮层20mm厚。

工程量计算练习图四

5. 根据第 4 题计算出的某基础工程的各预算项目工程量，依据本地区建筑工程预算定额，在表 10-1、表 10-2 中，计算和分析出该基础工程的直接工程费、主要材料用量和工程造价。

直接工程费计算及工料分析表   表 10-1

序号	定额编号	项目名称	单位	工程量	直接工程费		主要材料用量	
					基价(元)	合价(元)		
1		人工挖地槽						
2		人工挖地坑						
3		C10 混凝土基础垫层						
4		M7.5 水泥砂浆砌砖基础						
5		基础回填土						
6		人工运土方(40m)						
		小计：						

建筑工程造价计算表   表 10-2

序号	费用名称	计算式	金额(元)
1	直接费(直接工程费)	见表 10-1	
2	间接费	(1)×7%	
3	利润	(1)×4%	
4	税金	[(1)+(2)+(3)]×3.43%	
	工程造价	(1)~(4)之和	

第十一章 桩基及脚手架工程

一、学习要点

1. 打预制钢筋混凝土桩，按设计桩长乘以桩截面面积计算，不扣除桩尖虚体积。

2. 送桩，按桩截面面积乘以送桩长度计算，注意送桩长度的确定。

3. 脚手架的种类及计算方法。

4. 为了简化脚手架摊销费的计算，有些地区将脚手架划分为综合脚手架和单项脚手架两种类型。

二、你知道了吗

1. 一个工程计算了综合脚手架后，还可以计算单项脚手架吗？为什么？

2. 什么是垂直防护架？

三、作业练习

（一）单项选择

1. 室内顶棚装饰面距室内地坪高度在（　　）以上时，应计算满堂脚手架。

    A. 3m   B. 3.6m   C. 4.2m   D. 5.2m

2. 某单层建筑物顶棚净高 8.3m，其满堂脚手架的增加层为（　　）。

    A. 1   B. 2   C. 3   D. 4

3. 将 10 根 300mm×300mm 预制钢筋混凝土方桩送入地坪以下 1m 深，其送桩工程量为（　　）。

    A. 0.9m³   B. 1.35m³   C. 0.09m³   D. 3.0m³

4. 打预制钢筋混凝土桩的工程量计算正确的描述是（　　）。

    A. 按设计桩长（不含桩尖）乘以桩断面积

    B. 按设计桩长（含桩尖，扣除桩尖虚体积）乘以桩断面积

    C. 按设计桩长（含桩尖，不扣除桩尖虚体积）乘以桩断面积

    D. 管桩的空心体积不应扣除

5. 计算打入预制混凝土桩送桩工程量时，送桩长度为自桩顶面至自然地面另加（　　）。

    A. 1.0m   B. 1.5m   C. 0.25m   D. 0.5m

6. 计算钻孔灌注桩工程量时，桩长按设计桩长（包括桩尖）增加（　　）计算。

    A. 0.25m   B. 0.3m   C. 0.5m   D. 1.25m

7. 计算砌筑独立柱脚手架工程量时，其长度按柱的周长加（　　）乘以柱高，按面积计算。

　　A. 2.2m　　　　B. 3m　　　　　　C. 3.3m　　　　　　D. 3.6m

8. 按桩截面面积乘以设计桩长（包括桩尖）来计算工程量的桩是（　　）。

　　A. 钻孔灌注桩　　　　　　　　　B. 打预制钢筋混凝土桩

　　C. 打预制钢筋混凝土桩的送桩　　D. 打预制钢筋混凝土的接桩

9. 某建筑物内墙砌筑高度 4m，则其砌筑脚手架应执行（　　）。

　　A. 里脚手架　　B. 双排脚手架　　　C. 满堂脚手架　　　D. 单排脚手架

10. 扩大桩的体积按（　　）计算。

　　A. 单桩体积　　　　　　　　　　B. 单桩体积乘以桩的个数

　　C. 单桩体积乘以次数　　　　　　D. 灌注的混凝土体积

11. 钻孔灌注桩按设计桩长（包括桩尖，不扣除桩尖虚体积）增加（　　）乘以设计断面面积计算。

　　A. 0.3m　　　　　B. 0.25m　　　　　C. 0.5m　　　　　　D. 0.2m

12. 打孔灌注桩碎石桩的体积，按（　　）计算。

　　A. 设计桩长（包括桩尖，不扣除桩尖虚体积）乘以钢管管箍外径截面面积

　　B. 设计桩长（包括桩尖，但要扣除桩尖虚体积）乘以钢管管箍外径截面面积

　　C. 设计桩长（包括桩尖，不扣除桩尖虚体积）乘以钢管管箍内径截面面积

　　D. 设计桩长（包括桩尖，但要扣除桩尖虚体积）乘以钢管管箍内径截面面积

（二）多项选择

1. 灌注桩包括（　　）。

　　A. 打孔灌注桩　　　B. 钻孔灌注桩　　　C. 自然灌注桩　　　D. 人工灌注桩

2. 本地区建筑工程预算定额中的脚手架，可按（　　）的计算方式，计算脚手架的摊销费。

　　A. 单项脚手架　　　B. 多项脚手架　　　C. 综合脚手架　　　D. 简单脚手架

3. 满堂脚手架要计算（　　）。

　　A. 基本层　　　　　B. 增加层　　　　　C. 单层　　　　　　D. 双层

4. 其他脚手架包括（　　）。

　　A. 水平防护架　　　B. 垂直防护架　　　C. 电梯井脚手架　　　D. 斜道

5. 安全网搭设有下列方式（　　）。

　　A. 立挂式　　　　　B. 挑出式　　　　　C. 拉紧式　　　　　D. 放松式

6. 以下按立方米计算工程量的有（　　）

　　A. 打预制钢筋混凝土桩　　　　　B. 送预制钢筋混凝土桩

　　C. 打拔钢板桩　　　　　　　　　D. 钻孔灌注桩

7. 按照计算规则，对钻孔灌注桩，下列叙述正确的是（　　）。

　　A. 桩长不扣桩尖虚体积　　　　　B. 桩长增加 0.25m

　　C. 桩长增加 0.3m　　　　　　　　D. 桩长不增加

（三）判断题（判断并纠错，将正确的答案写在空行中）

1. 预制混凝土桩的体积要扣除桩尖虚体积。（　　　）

2. 管桩的空心体积要扣除。（　　　）

3. 电焊接桩按设计接头以个计算。（　　　）

4. 综合脚手架按建筑面积计算工程量。（　　　）

5. 悬空脚手架属于单项脚手架。（　　　）

6. 每个建筑工程预算都应该计算脚手架。（　　　）

7. 计算混凝土承台工程量时，要扣除浇入承台的桩头体积。（　　　）

8. 综合脚手架定额中已综合考虑了砌筑、浇灌、吊装等脚手架费用。（　　　）

9. 墙柱面抹灰包括 3.6m 以下简易脚手架的搭设和拆除。（　　　）

10. 打预制钢筋混凝土桩的体积，按设计桩长（不包括桩尖）乘以桩截面面积计算。
（　　　）

11. 泥浆运输工程量按钻孔体积以立方米计算。（　　　）

12. 打拔钢板桩按钢板桩横截面面积计算。（　　　）

13. 钻孔灌注混凝土桩浇混凝土子目中不包括桩基上部硬地坪及现场施工中泥浆池槽砌筑。（　　　）

14. 建筑物垂直防护架在双排脚手架中包括，不需另计算。（　　　）

15. 砌体砌筑高度在 15m 以下时，按外墙单排脚手架计算。（　　　）

16. 混凝土桩、砂桩、碎石桩的体积，按设计规定的桩长乘以钢管管箍外径截面面积计算，不扣除桩尖虚体部分体积。（　　　）

17. 钻孔灌注混凝土桩 100 根，设计为 ϕ600mm，设计长为 18m，其浇混凝土工程量 516.00m³。（　　　）

18. 硫磺胶泥接桩按接头个数计算工程量。（　　　）

19. 建筑物内墙砌筑高度 3.6m 以下按里脚手架计算，超过 3.6m 按单排脚手架计算。
（　　）

20. 整体满堂钢筋混凝土基础，其宽度超过 2.5m 时，按其底板面积计算满堂脚手架。
（　　）

21. 满堂脚手架高度超过 6m 时，每增加 1.2m 应计算一个增加层的超高费。（　　）

22. 现场预制钢筋混凝土桩模板，按混凝土实体积不扣除桩尖虚体积部分。（　　）

23. 桩承台套用现浇基础定额。（　　）

（四）计算题

1. 根据"××活动室"施工图，列出该工程脚手架的预算项目并计算工程量。

解：

2. 根据"工程量计算练习图五"，列出该挖孔桩工程的预算项目并计算工程量。

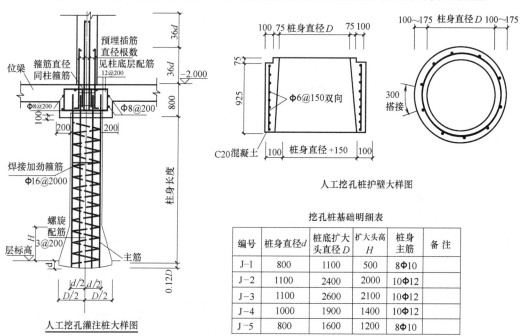

人工挖孔灌注桩大样图

人工挖孔桩护壁大样图

挖孔桩基础明细表

编号	桩身直径d	桩底扩大头直径D	扩大头高H	桩身主筋	备注
J—1	800	1100	500	8Φ10	
J—2	1100	2400	2000	10Φ12	
J—3	1100	2600	2100	10Φ12	
J—4	1000	1900	1400	10Φ12	
J—5	800	1600	1200	8Φ10	

工程量计算练习图五

解：

第十二章 砌 筑 工 程

一、学习要点

1. 基础与墙、柱的划分以设计室内地面为界。

2. 有放脚砖基础工程量计算，外墙按中心线长度计算，内墙按净长计算，不扣除 T 形接头处放脚重叠部分的体积。

3. 0.007875 是砖基础大放脚一个标准块的面积。

4. $n(n+1)$ 是等高式砖基础大放脚断面标准块的块数。

5. 墙身高度按平屋面、坡屋面、有吊顶、无吊顶等各种情况分别确定。

6. 标准砖墙厚度的规定，计算墙体时外墙按中心线长度计算，内墙按净长计算，应扣除的内容和不扣除的内容的规定。

二、你知道了吗

1. 怎样计算砖基础工程量？

2. 如何确定墙身高度？墙体工程量计算时应如何列式计算？

三、作业练习

（一）选择题

1. 在计算砖墙的工程量时，1/2 砖墙的计算厚度应按（   ）。

    A. 53mm   B. 115mm   C. 120mm   D. 240mm

2. 砖砌体内钢筋加固按（   ）计算。

    A. 钢筋重量   B. 钢筋长度   C. 墙体体积   D. 实

3. 计算砌筑基础工程量时，应扣除单个面积在（   ）以上的孔洞所占面积。

    A. 0.15m^2 B. 0.3m^2 C. 0.45m^2 D. 0.6m^2

4. 以下应计入砌筑墙体工程量的内容是（   ）。

    A. 凸出墙面的窗台虎头砖   B. 三皮砖以内的腰线凸出部分

    C. 女儿墙压顶   D. 三皮砖以上的挑檐凸出部分

5. 墙面勾缝工程量按垂直投影面积以平方米计算，应扣除的面积是（   ）。

    A. 门窗洞口抹灰面积   B. 腰线抹灰所占面积

C. 墙裙抹灰的面积　　　　　　　　　　D. 附墙柱的勾缝面积

6. 二皮一收的三层等高式砖基础大放脚的断面积为（　　　）m²。

A. 0.0945　　　　B. 0.0473　　　　C. 0.0576　　　　D. 0.0936

7. 工程量计算时，240mm 厚砖墙 T 形接头构造柱的断面积为（　　　）m²。

A. 0.0576　　　　B. 0.072　　　　C. 0.0792　　　　D. 0.09

8. 计算墙体砌砖工程量时，不扣除的内容有（　　　）。

A. 埋入的钢筋铁件　　　　　　　　　B. 0.3m² 以下的孔洞

C. 梁头、板头　　　　　　　　　　　D. 构造柱

9. 墙体勾缝的工程量，按垂直投影面积以平方米计算，不扣除（　　　）所占面积。

A. 门窗洞口　　　B. 门窗套　　　　C. 腰线　　　　D. 墙裙

10. 砖基础工程量计算中，不应扣除（　　　）的体积。

A. 嵌入基础内的钢筋混凝土柱　　　B. 嵌入基础内的铁件

C. 单个面积在 0.3m² 以内孔洞　　　D. 基础防潮层

11. 计算砌筑墙体工程量时，应扣除（　　　）。

A. 门窗洞口　　　B. 过梁　　　　C. 梁头　　　　D. 窗台虎头砖

12. 计算墙体的砌砖工程量时，不增加的项目有（　　　）。

A. 门窗套　　　　　　　　　　　　　B. 压顶线

C. 三皮砖以上的腰线　　　　　　　　D. 三皮砖以内的挑檐

13. 外墙墙身高度，对于坡屋面且室内外均有顶棚者，算到屋架下弦底面另加（　　　）mm。

A. 100　　　　　B. 200　　　　C. 300　　　　D. 250

14. 女儿墙高度，自外墙顶面至（　　　）高度，分别按不同墙厚并入外墙计算。

A. 女儿墙顶面　　B. 女儿墙压顶底　C. 檐口底　　　D. 檐口侧板面

15. 砖砌地垄墙应并入（　　　）内计算。

A. 内墙　　　　　B. 外墙　　　　C. 零星砌体　　D. 砖基

16. 有钢筋混凝土楼板隔层的内墙墙身高度，应（　　　）。

A. 算至顶棚底另加 100mm 计算　　　B. 算至板顶

C. 算至板底　　　　　　　　　　　　D. 按墙体实际高度计算

17. 下列（　　　）砌体按外形体积以立方米计算，不扣除各种空洞的体积。

A. 附墙烟囱　　　B. 垃圾箱　　　　C. 炉灶　　　　D. 煤箱

18. 平屋顶内墙墙高算至（　　　）。

A. 屋面板下皮　　B. 梁底　　　　C. 屋面板上皮　　D. 梁上表面

19. 计算墙体的砌砖工程量时，不增加的项目有（　　　）。

A. 门窗套　　　　　　　　　　　　　B. 压顶线

C. 三皮砖以上的腰线　　　　　　　　D. 三皮砖以内的挑檐

20. 在计算砌筑基础体积的时候，下列构件不需要扣除（　　　）。

A. 基础大放脚 T 形接头处的重叠部分

B. 嵌入基础的钢筋、基础防潮层

C. 单个面积在 0.1m² 以内孔洞所占体积

D. 靠墙暖气沟的挑檐

21. 墙面勾缝工程量（　　）。
    A. 不扣除门窗洞口面积　　　　　　B. 门窗洞口侧面勾缝面积增加
    C. 附墙柱面积增加　　　　　　　　D. 不扣除门窗套

22. 应并入所依附的砖墙体积内计算的有（　　）。
    A. 砖砌压顶线　　　　　　　　　　B. 砖垛
    C. 三皮砖以上的腰线　　　　　　　D. 门窗套

23. 砖基础工程量计算不扣除（　　）。
    A. 地圈梁　　　　　　　　　　　　B. 砂浆防潮层
    C. 0.3m² 以内孔洞　　　　　　　　D. T 形重叠部分

24. 计算清水墙勾缝工程量，下列规定正确的是（　　）。
    A. 按垂直投影面积计算　　　　　　B. 不扣除门窗洞口
    C. 不扣除墙裙抹灰　　　　　　　　D. 不扣除腰线抹灰

（二）判断题（判断并纠错，将正确的答案写在空行中）

1. 370mm×370mm 标准砖柱的断面积为 0.1369m²。（　　）

2. 120mm 标准砖墙的计算厚度为 115mm。（　　）

3. 石墙的窗台虎头砖执行零星砌砖定额。（　　）

4. 清水砖墙原浆勾缝，不扣除门窗所占面积。（　　）

5. 标准砖基础大放脚的高度每层为 120mm。（　　）

6. 240mm 墙上的构造柱每边咬口的体积计算为 0.06×0.24×1/2×柱高。（　　）

7. 基础与墙体的划分以室外标高为界。（　　）

8. 砌体内的钢筋加固按实砌墙体体积计算。（　　）

9. 计算砖基础工程量时，应扣除 T 形接头大放脚重复部分体积。（　　）

10. 等高式标准砖放脚的一个台阶高为 126mm。（　　）

11. 放脚增加面积的计算公式为 $S=0.007865n(n+1)$。（　　）

12. 女儿墙砌砖套用砖墙定额项目。（　　）

13. 标准砖墙上的窗台虎头砖属零星砌砖项目内容。（　　）

14. 砖基础与砖墙的划分：使用同一种材料时，以设计室内地面为界，以下为基础，以上为墙身。（　　　）

15. 计算墙体时，应扣除门窗洞口、嵌入墙身的钢筋混凝土柱、梁、平砌砖过梁、梁头、外墙板头等的体积。（　　　）

16. 附墙烟囱按其外形体积计算，并入所依附的墙体积内，孔洞内的抹灰工程量另行增加。（　　　）

17. 砖基础、砖砌体应扣除钢筋混凝土柱、过梁、圈梁等所占的体积。（　　　）

18. 砖砌台阶挡墙及地垄墙应套零星砌体子目。（　　　）

19. 建筑物墙体上的腰线不计算工程量。（　　　）

20. 砖砌台阶的工程量按体积计算。（　　　）

21. 砖砌体内墙高度计算时：有框架梁时，算至梁底；有楼隔层时，算至楼板面。（　　　）

22. 砖垛、三皮砖以上的腰线和挑檐等体积并入墙身工程量内计算。（　　　）

23. 计算内墙工程量时，应扣除内墙板头的体积。（　　　）

24. 砖平拱过梁长度等于门窗洞口宽两端各加 250mm。（　　　）

25. 平屋面外墙身高度应算至钢筋混凝土板底。（　　　）

26. 空花墙按空花部分外形体积以立方米计算，空花部分不予扣除。（　　　）

（三）计算题

1. 根据"工程量计算练习图一"，计算该基础工程的砖基础工程量。

解： Ⅰ-Ⅰ剖面基础长＝$L_{中}$＝

　　　Ⅰ-Ⅰ剖面基础断面积＝

　　　Ⅰ-Ⅰ剖面砖基础工程量＝

　　　Ⅱ-Ⅱ剖面基础长＝$L_{内}$＝

　　　Ⅱ-Ⅱ剖面基础断面积＝

　　　Ⅱ-Ⅱ剖面砖基础工程量＝

　　　该基础工程的砖基础工程量＝

2. 根据"工程量计算练习图二"，计算该基础工程的砖基础工程量。

解： 基础长＝$L_{中}$＋$L_{内}$＝

　　基础断面积＝

　　砖基础工程量＝

3. 根据"工程量计算练习图四"某基础工程施工图，计算该基础工程的砖基础工程量。

　　解：

第十三章　混凝土及钢筋混凝土工程

一、学习要点

1. 现浇混凝土构件的模板工程量是按构件混凝土体积计算还是按混凝土与模板的接触面积计算，应注意本地区的规定。

2. HPB235 钢筋末端需做 180°、135°、90°弯钩时，分别增加 6.25d、4.9d、3.5d 的长度。

3. 箍筋若用于抗震结构，其 135°弯钩的增加长度为 11.9d，若用于非抗震结构，其 135°弯钩的增加长度为 6.9d。

4. 钢筋的理论重量（kg/m）＝0.006165d^2。

5. 各种现浇构件混凝土工程量（除整体楼梯外），都按实际形状的体积计算。

6. 现浇整体楼梯（包括休息平台等）按水平投影面积计算。

7. 有梁板柱高按柱基上表面算至现浇板上表面。

8. 无梁板柱高按柱基上表面算至柱帽下表面。

9. 构造柱的马牙槎合并在构造柱体积内。其计算方法分 90°转角、T 形、十字形和一字形四种情况。

10. 梁长的划分有几种情况：一是以主梁为主，侧梁长算至主梁侧面。二是主梁长算至柱侧面。

11. 无梁板的柱帽合并在板内计算。

12. 需计算构件损耗的预制混凝土构件，其制作、运输和安装工程量应各自按图算量（净）乘以（1＋损耗率）。

13. 钢筋计算的重点是解决不同形状下钢筋长度的计算。需确定混凝土保护层的厚度、弯钩的形式和每个弯钩的增加值、弯起钢筋的增加长度。

二、你知道了吗

1. 混凝土预制构件和现浇构件在工程量计算时有何不同之处，各自应如何计算？

2. 箍筋长度计算分几种情况？如何计算？

3. 怎样计算空心板制作工程量？

4. 怎样计算构造柱工程量?

5. 怎样计算钢筋工程量?

三、作业练习

（一）单项选择

1. 现浇钢筋混凝土楼梯工程量，按（ ）计算。

    A. 实际体积计算   B. 斜面积计算

    C. 水平投影面积   D. 垂直投影面积

2. 某工程使用 100 块预制平板，每块体积 0.120m³，则该平板的制作工程量为（ ）。

    A. 12m³   B. 12.18m³   C. 12.24m³   D. 12.36m³

3. 直径为 $\phi10$ 的钢筋每米重量为（ ）kg。

    A. 0.650   B. 0.617   C. 0.888   D. 0.750

4. 现浇钢筋混凝土独立柱基础与框架柱的分界线以（ ）为准。

    A. 室外地坪标高   B. 室内地坪标高   C. ±0.000   D. 柱基上表面

5. 某工程使用 YKB365-4 的预应力空心板 400 块，每块图示体积为 0.125m³，则该空心板的制作工程量应是（ ）m³。

    A. 50   B. 50.75   C. 400   D. 406

6. 计算现浇混凝土梁板的模板时，层高超过（ ）时，应计算梁板超高增加费。

    A. 3.9m   B. 3.6m   C. 4.5m   D. 3.0m

7. 钢筋混凝土带形高杯墙基础，当高杯部分的高度（ ）高杯部分的厚度时，高杯部分并入基础内计算。

    A. ≤3 倍   B. >3 倍   C. ≤5 倍   D. >5 倍

8. 钢筋工程中，半圆弯钩增加长度为（ ）。

    A. 3.9d B. 6.25d C. 5.9d D. 30d

9. 某钢筋混凝土楼梯，楼梯间为一砖墙，墙间中心线宽为 3.3m，梯阶长度为 2.7m，休息平台 1.5m，楼梯板连接梁宽 0.24m，其工程量为（ ）。

    A. 13.59m²   B. 12.86m²   C. 14.7m²   D. 14.6m²

10. 现浇钢筋混凝土构件中，墙、板上的孔洞超过（ ）时应予扣除。

    A. 0.25m²   B. 0.3m²   C. 0.45m²   D. 0.5m²

11. 钢筋工程中，弯起角度为 45°时，增加长度为（ ）。

    A. 0.268d B. 0.33d C. 0.414d D. 0.577d

12. 预制钢筋混凝土空心板堵头灌缝工程量（ ）。

A. 已包括在定额消耗内不另计算　　B. 按空心板实际体积计算

C. 按堵头灌缝的实际体积计算　　D. 按空心板中孔的体积计算

13. （　　）的柱高，应以柱基上表面至柱帽下表面的高度计算。

　　A. 框架柱　　　B. 构造柱　　　C. 有梁板　　　D. 无梁板

14. 在计算楼梯工程量时，不扣除宽度小于（　　）的楼梯井面积。

　　A. 300mm　　B. 400mm　　　C. 500mm　　　D. 600mm

15. 钢筋工程的工程量单位是（　　）。

　　A. 体积、立方米　　　　　　　B. 公称直径、毫米

　　C. 长度、米　　　　　　　　　D. 质量、吨

16. 现浇钢筋混凝土构件模板工程量，除另有规定外均应按（　　）计算。

　　A. 构件混凝土质量　　　　　　B. 构件混凝土体积

　　C. 构件的表面积　　　　　　　D. 构件混凝土与模板的接触面积

17. 钢筋混凝土构件的钢筋保护层厚度，基础有垫层时为（　　）。

　　A. 10mm　　　B. 15mm　　　C. 25mm　　　D. 35mm

18. 现浇钢筋混凝土框架梁宽 0.25m，高 0.4m，梁净长 5.55m，则其模板工程量为
（　　）。

　　A. 4.995m²　　B. 7.215m²　　C. 5.828m²　　D. 0.555m³

19. 带反挑檐的雨篷（　　）计算。

　　A. 按体积套挑檐定额　　　　　B. 按水平投影面积并入雨篷

　　C. 按展开面积并入雨篷　　　　D. 按体积并入雨篷

20. 预制板的现浇板缝按（　　）计算。

　　A. 接头灌缝　　B. 平板　　　C. 无梁板　　　D. 板底勾缝

21. 各类预制混凝土构件，其运输堆放损耗率为（　　）。

　　A. 0.2%　　　B. 0.5%　　　C. 0.8%　　　D. 1%

22. 现浇挑檐与板连接时，以（　　）为分界线。

　　A. 挑檐内侧　　B. 挑檐外侧　　C. 外墙外边线　　D. 外墙内边线

（二）多项选择

1. 光圆钢筋的末端一般要做成（　　）的弯钩。

　　A. 180°　　　　B. 90°　　　　C. 135°　　　　D. 45°

2. 弯起钢筋的弯起角度一般有（　　）。

　　A. 60°　　　　B. 45°　　　　C. 30°　　　　D. 40°

3. 箱式满堂基础分别按（　　）有关规定计算。

　　A. 无梁式满堂基础　　B. 柱　　　C. 梁　　　　D. 板

4. 现浇混凝土基础可分为（　　）基础。

　　A. 有肋带形　　B. 箱式满堂　　C. 独立　　　D. 杯形

5. 柱高的确定分为以下几种（　　）。

　　A. 有梁板柱高　　B. 无梁板柱高　　C. 框架柱高　　D. 构造柱高

6. 不同平面形状下构造柱分别设置在（　　）处。

　　A. 90°转角　　　B. T 形接头　　C. 十字形接头　　D. 一字形接头

7. 现浇混凝土整体楼梯按水平投影面积包括（　　）以平方米计算工程量。

    A. 休息平台　　　　B. 平台梁　　　　C. 斜梁　　　　D. 梯板

8. 下列说法正确的有（　　）。

    A. 现浇螺旋楼梯的工程量按每层水平投影面积以平方米计算

    B. 预制花格的安砌工程量按立面投影面积以平方米计算

    C. 钢筋制作安装工程量按重量以吨计算

    D. 女儿墙压顶的混凝土工程量按压顶的长度以米计算

9. 预制钢筋混凝土构件工程量的计算，应计算（　　）。

    A. 混凝土工程量　　B. 钢筋工程量　　C. 模板工程量　　D. 运输工程量

10. 箱式基础工程量计算和定额套用，下列说法正确的为（　　）。

    A. 箱式基础只计算一项工程量，套用满堂基础定额项目

    B. 箱式基础分别按底板、墙、顶板计算工程量，执行相应定额项目

    C. 箱式基础底板执行满堂基础定额项目

    D. 箱式基础墙、底板分别执行墙、板定额项目

11. 预制钢筋混凝土构件需考虑的损耗率是指（　　）。

    A. 制作废品率　　B. 运输堆放损耗　　C. 安装损耗　　D. 保管、存储损耗

12. 计算钢筋长度应考虑的因素有（　　）。

    A. 弯钩　　　　　B. 下料调整值　　C. 混凝土保护层　D. 弯起筋斜长

13. 现浇钢筋混凝土有梁板的计算，下列说法正确的有（　　）。

    A. 按梁板体积之和计算　　　　　　B. 套有梁板的定额

    C. 梁板分别计算　　　　　　　　　D. 分别套定额

（三）判断题（判断并纠错，将正确的答案写在空行中）

1. 空心板运输工程量等于制作工程量。（　　）

2. 所有构件运输都要套用 1km 以内运输定额。（　　）

3. 混凝土台阶按体积计算。（　　）

4. 混凝土构造柱即抗震柱。（　　）

5. 混凝土花格制作运输工程量按洞口面积计算。（　　）

6. 预制钢筋混凝土构件都要计算制作损耗量。（　　）

7. 后浇带是指第二次现浇的带形基础。（　　）

8. 梁板整体现浇，体积合并计算。（　　）

9. 240mm 墙上的构造柱每边咬口的体积计算为 $0.06 \times 0.24 \times 1/2 \times$ 柱高。（　　）

10. 每个工程的空心板安装都必须进行接头灌浆。（　　）

11. 预制混凝土压顶、扶手按延长米计算工程量。（　　）

12. 钢筋混凝土构件均应分别计算模板、钢筋、混凝土三种工程量。（　　）

13. 雨篷按水平投影面积计算，嵌入墙内部分另计。（　　）

14. 现浇构件与预制构件的钢筋工程量可以合在一起计算。（　　）

15. 抗震构件箍筋弯钩的平直部分长不小于箍筋直径的 10 倍。（　　）

16. 钢筋理论重量计算公式为，每米重＝$0.006165d^2$。（　　）

17. 1mm 厚钢板每平方米重 7.85kg。（　　）

18. 现浇钢筋混凝土独立柱基础与柱的分界线是±0.000。（　　）

19. 框架柱高应自柱基上表面至现浇混凝土板底面。（　　）

20. 无梁板的柱帽体积应合并在柱内计算。（　　）

21. 叠合梁套用圈梁定额。（　　）

22. 楼梯的踏步、平台梁侧面模板定额已综合考虑，不另计算。（　　）

23. 依附柱身的牛腿，其混凝土工程量按体积计算，套挑梁定额。（　　）

24. 首层以上柱的灌缝按各层柱体积计算。（　　）

25. 阳台、雨篷的混凝土工程量按挑出墙外部分的体积计算。（　　）

26. 现浇混凝土小型池槽底部的模板定额已综合考虑，不另外计算。（　　）

27. 杯形基础杯口高度大于杯口（大边）长度的，套高杯基础定额。（　　）

28. 构造柱按展开面积计算模板的工程量。（　　）

29. 现浇混凝土墙板上 0.3m² 的孔洞应扣除，但侧壁模板不增加。（　　）

30. 预制小型池槽的模板工程量按外形尺寸以体积计算。（　　）

（四）计算题

1. 根据"工程量计算练习图六"，计算现浇 5 根 C25 钢筋混凝土矩形梁的混凝土、模板和钢筋工程量。

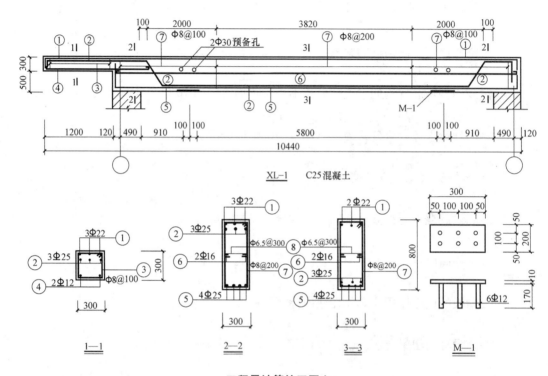

工程量计算练习图六

解： 5 根 C25 钢筋混凝土矩形梁

（1）C25 钢筋混凝土矩形梁混凝土工程量＝

（2）C25 钢筋混凝土矩形梁模板工程量＝

（3）C25 钢筋混凝土矩形梁钢筋工程量＝

2. 根据"工程量计算练习图七、图八"、本地区建筑工程（预算）计价定额，在表13-1 中列出图七、图八中相关的预算项目，并计算各分项工程的工程量（钢筋工程量只计算图七的基础钢筋，在钢筋计算表 13-2 中完成，图七练习中只需完成±0.000 以下内容工程量的计算，室外标高为－0.300m）。

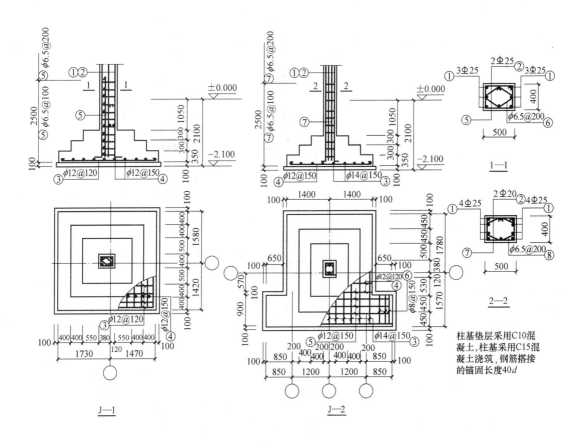

工程量计算练习图七

某现浇框架结构房屋的 3 层结构平面如练习图八所示。已知 2 层板顶标高为 3.3m，3 层板顶标高为 6.6m，板厚 100mm，构件断面尺寸见下表。试对图中所示钢筋混凝土构件进行列项并计算工程量。（包括 KZ、KL₁、KL₂、L₁ 及平板 B）

构件名称	构件尺寸(宽×高)
KZ	400×400
KL₁	250×550
KL₂	300×600
L₁	250×500
注:构件尺寸单位 mm	

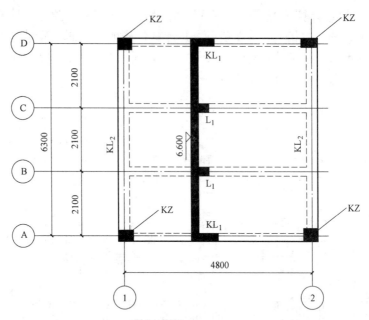

工程量计算练习图八

工程量计算表

表 13-1

工程名称：

序号	定额编号	分项工程名称	单 位	工程量	工程量计算式

工程名称：

序号	定额编号	分项工程名称	单 位	工程量	工程量计算式

工程名称：某基础工程　　　　　　　　　　　　　　　　　　　　单位：kg

序号	构件名称	件数—代号	形状尺寸(mm)	直径	根数	长度(m)		分规格			
						每根	共长	直径	长度	单件重	合计重

3. 根据表 13-1 中计算出的各分项工程的工程量和本地区建筑工程（预算）计价定额，在表 13-3 中计算工程的直接工程费和人工费及主要材料用量。

直接工程费计算及工料分析表　　　　　　　　　表 13-3

工程名称：

序号	定额编号	项目名称	单位	工程量	直接工程费(元)		人工费(元)		主要材料用量		
					基价	合价	单价	小计			

4. 根据表 13-3 中计算出的结果和表 13-4 中给定的数据，在表 13-4 中计算该工程的工程造价。

建筑工程造价计算表 表 13-4

工程名称：

序号	费 用 名 称	计 算 式	金额(元)
(1)	直接费(直接工程费)	见表 13-2	
(2)	间接费	(1)×8%	
(3)	利润	(1)×7%	
(4)	税金	[(1)+(2)+(3)]×3.43%	
(5)	工程造价	(1)～(4)之和	

第十四章　门窗及木结构工程

一、学习要点

1. 各类门窗制作、安装工程量均按门、窗洞口面积计算。

2. 门、窗框扇断面的确定及换算。

3. 木屋架制作安装均按设计断面竣工木料以立方米计算。

4. 屋面木基层按屋面的斜面积计算。

5. 封檐板、博风板按长度计算。

二、作业练习

（一）判断题（判断并纠错，将正确的答案写在空行中）

1. 各类门窗制作、安装工程量均按框外围面积计算。（　　）

2. 门窗贴脸、披水条按面积计算。（　　）

3. 枋板材一面刨光增加 3mm，两面刨光增加 5mm。（　　）

4. 铝合金门按洞口面积计算工程量。（　　）

5. 木屋架制作安装均按设计断面竣工木料以立方米计算，其后备长度及配料损耗均不另行计算。（　　）

6. 封檐板就是指博风板。（　　）

7. 屋架按竣工木料以立方米计算，附属于屋架的夹板，垫木风撑已包括在定额内不另计算。（　　）

8. 门、窗扇包镀锌薄钢板，按门、窗洞口面积以平方米计算。（　　）

（二）计算题

根据"工程量计算练习图九"，计算图中门的工程量和门的框、扇断面。

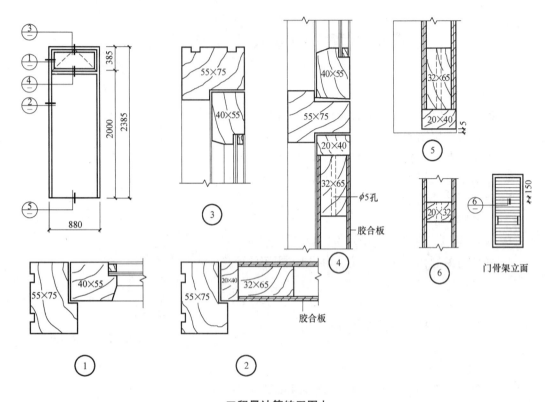

工程量计算练习图九

第十五章　楼地面工程

一、学习要点

1. 地面垫层按主墙间净面积乘以厚度计算。

2. 楼地面整体面层、找平层均按主墙间净空面积以平方米计算。

3. 台阶按水平投影面积计算，台阶与平台的分界线以最上层（与平台同一水平面）踏步外边沿加300mm宽计算。

4. 散水按外墙外边线长调整尺寸计算其面积，其计算公式的主要思路是，按散水中心线长度乘以散水宽度，再扣除台阶、坡道等所占面积。

5. 明沟按延长米计算，可利用外墙外边线长、散水宽、明沟宽等基本数据确定。

6. 计算楼梯栏杆应先确定斜长系数。

$$斜长系数＝\frac{斜长}{水平长}$$，可以按踏步的高和宽，用勾股定理确定斜长。

二、你知道了吗

1. 散水工程量如何计算？

2. 明沟长度如何计算？

3. 怎样计算金属栏杆工程量，楼梯栏杆和走道栏杆工程量的计算有何不同？

三、作业练习

（一）选择题

1. 整体面层、找平层的工程量，应扣除地面上（　　）所占面积。

    A. 间壁墙　　　　　　　　　　　B. 附墙烟囱

    C. 凸出地面的设备基础　　　　　D. 0.3m² 以内的孔洞

2. 楼地面工程中，地面垫层工程量，按底层（　　）乘设计垫层厚度以立方米计算。

    A. 地面面积　　　　　　　　　　B. 建筑面积

    C. 主墙间净面积　　　　　　　　D. 主墙轴线间面积

3. 楼地面工程中，有关项目的工程量计算规则是（　　）。

    A. 踢脚线（板）工程量，按平方米计算

    B. 散水工程量，按平方米计算

    C. 金属栏杆工程量，按延长米计算

D. 楼梯踏步的防滑条工程量，按踏步两端距离以延长米计算

4. 地面垫层工程量的计算中，应扣除（　　）所占体积；

    A. 凸出地面的构筑物   B. 180mm 厚的间壁墙

    C. 室内地铁   D. 120mm 厚的间壁墙

5. 整体楼地面面层通常有（　　）面层。

    A. 水泥砂浆   B. 水磨石   C. 水泥豆石浆   D. 混凝土

6. 水磨石楼地面面层按主墙间的净面积计算，应扣除（　　）等所占面积。

    A. 设备基础   B. 柱   C. 半砖墙   D. 地沟

7. 按延长米计算工程量的有（　　）。

    A. 踢脚板   B. 散水   C. 防滑条   D. 栏杆

8. 水泥砂浆踢脚线工程量按（　　）计算。不扣除门洞及空圈所占的面积，但门洞、空圈、垛和侧壁亦不增加。

    A. 外墙中心线长   B. 延长米   C. 内墙净长线长   D. 实铺面积

9. 6 层楼标准砖住宅，1 层楼梯水平投影面积为 11.3m²，则一个单元门内楼梯间的水平投影面积为（　　）m²。

    A. 79.1   B. 67.8   C. 56.5   D. 45.2

10. 某工程，经计算主墙间净空面积为 54.6m²，墙垛所占面积为 1.2m²，门洞开口面积为 0.58m²，则整体面层工程量为（　　）m²。

    A. 53.4   B. 54.6   C. 53.98   D. 55.18

11. 楼梯踏步防滑条，按楼梯踏步两端距离减（　　）cm，以延长米计算。

    A. 25cm   B. 30cm   C. 35cm   D. 40cm

12. 水泥砂浆楼梯面层工程量按设计图示尺寸的（　　）计算。

    A. 水平投影面积   B. 展开面积

    C. 水平投影面积乘以面层厚度   D. 展开面积乘以面层厚度

（二）判断题（判断并纠错，将正确的答案写在空行中）

1. 地面面层按建筑面积计算。（　　）

2. 地面垫层按室内主墙间净面积计算。（　　）

3. 室内地面面积＝建筑面积－墙结构面积。（　　）

4. 台阶面层按水平投影面积计算。（　　）

5. 散水面积可以根据 $L_{外}$ 计算。（　　）

6. 楼梯栏杆按平方米计算。（   ）

7. 不锈钢楼梯栏杆扶手按重量计算。（   ）

8. 彩色水磨石楼地面定额包括了嵌铜条的工料。（   ）

9. 某工程基础下的混凝土垫层 350mm 厚，应执行混凝土基础定额。（   ）

10. 楼地面面层按墙与墙间的净面积计算，不扣除柱、垛等所占面积。（   ）

11. 水泥砂浆踢脚线以平方米计算，不扣除门洞及空圈所占面积，门洞侧壁应另外计算。（   ）

12. 块料面层踢脚线以延长米乘以高度按实贴面积计算。（   ）

13. 水磨石面层定额子目中已包括找平层。（   ）

14. 明沟按图示尺寸以延长米计算。（   ）

（三）计算题
1. 根据"工程量计算练习图十"，计算下列项目的工程量。
（1）室内地面工程量＝

（2）防滑坡道工程量＝

（3）台阶工程量＝

（4）混凝土散水工程量＝

（5）砖砌明沟工程量＝

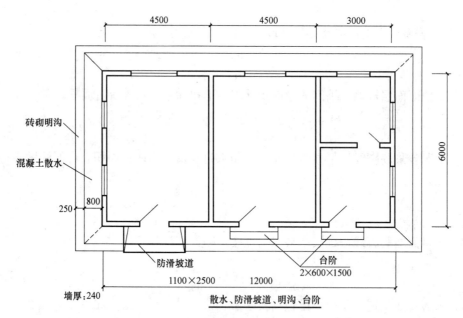

工程量计算练习图十

2. 根据"工程量计算练习图十一"，计算下列项目工程量。

（1）整体楼梯面层工程量＝

（2）阳台面层工程量＝

（3）室内面层工程量＝

（4）台阶工程量＝

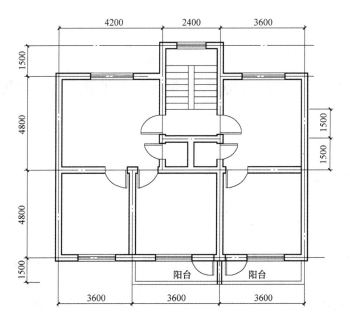

标准层平面

注:墙厚均为240mm;
　　阳台栏板墙120mm厚。

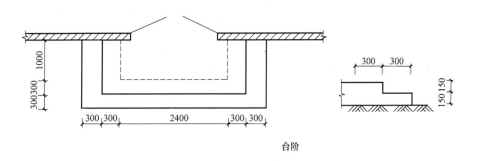

台阶

工程量计算练习图十一

第十六章 屋面防水及防腐、保温、隔热工程

一、学习要点

1. 屋面坡度 $=\dfrac{斜长}{水平长}=\sec\alpha$，坡度系数也称延尺系数 C，可以计算，也可以查表取得。

2. 不管是两坡水、四坡水或任意坡水，只要坡度相同，就可以采用同一坡度系数计算屋面面积。

3. 屋面保温隔热层要计算加权平均厚度，根据加权平均厚度计算体积。

4. 变形缝、屋面分格缝均以延长米计算。

5. 卷材屋面按水平投影面积计算，弯起部分并入屋面工程量计算。

二、你知道了吗

1. 斜屋面面积如何计算？

2. 什么是屋面坡度系数？它有何用？

3. 卷材屋面弯起部分如何计算？

三、作业练习

（一）选择题

1. 卷材屋面女儿墙处弯起部分工程量，图纸无规定时，可按（　　）计算。

    A. 上弯 500mm   B. 上弯 250mm   C. 上弯 300mm   D. 上弯 150mm

2. 建筑防水工程中，变形缝的工程量（　　）。

    A. 按平方米计算   B. 不计算   C. 按米计算   D. 视情况而定

3. 防水卷材定额中已包括，不需再计算的是（　　）。

    A. 刷冷底子油   B. 附加层   C. 收头、接缝   D. 变形缝

4. 计算建筑物地面防水防潮工程量时，下列说法不正确的为（　　）。

    A. 按主墙间的净面积计算

B. 扣除凸出地面的构筑物、设备基础的面积

C. 应扣除 0.3m² 以内孔洞、柱所占面积

D. 在墙面连接处高度在 500mm 以内按照展开面积计算并入平面工程量

5. 地下室的防水层平面与立面交接处的防水层，上翻高度超过（　　）mm 按照立面防水层计算。

A. 300　　　　　　　B. 500　　　　　　　C. 250　　　　　　　D. 1000

6. 保温隔热层工程量计算，除另有规定者外，均按（　　）计算。

A. 实铺厚度　　　　　B. 实铺面积　　　　　C. 实铺体积　　　　　D. 实铺层数

7. 使用卷材或防水砂浆做垂直防潮时，每边增加工作面（　　）cm。

A. 15　　　　　　　　B. 30　　　　　　　　C. 80　　　　　　　　D. 100

8. （　　）均按图示尺寸的水平投影面积乘以屋面坡度系数以平方米计算。

A. 平瓦屋面　　　　　　　　　　　B. 金属压型板屋面

C. 小青瓦屋面　　　　　　　　　　D. 平屋面

9. 计算屋面面积时不扣除（　　）等所占面积。

A. 房上烟囱　　　　　　　　　　　B. 风帽底座

C. 风道　　　　　　　　　　　　　D. 屋面小气窗

10. 建筑物地面防水、防潮层，按主墙间净面积计算，不扣除（　　）所占面积。

A. 柱　　　　　　　　B. 垛　　　　　　　　C. 间壁墙　　　　　　D. 烟囱

11. 墙体隔热层工程量不包括（　　）。

A. 管道穿墙洞口体积　　　　　　　B. 冷藏门洞口体积

C. 门洞口侧壁体积　　　　　　　　D. 踢脚板部分所占体积

12. 铁皮排水按展开面积计算，（　　）已计入定额项目中不另计算。

A. 水斗　　　　　　　B. 水落管　　　　　　C. 咬口　　　　　　　D. 搭接

13. 屋面工程中延尺系数用来计算（　　）。

A. 两坡排水屋面面积　　　　　　　B. 四坡排水屋面面积

C. 四坡排水屋面斜脊长度　　　　　D. 沿山墙泛水长度

14. 女儿墙屋面排水列项应选择（　　）。

A. 雨水管　　　　　　B. 雨水斗　　　　　　C. 雨水口　　　　　　D. 出水弯管

（二）判断题（判断并纠错，将正确的答案写在空行中）

1. 屋面坡度系数＝水平长/斜长。（　　）

2. 45°坡度的屋面坡度延尺系数为 1.4142。（　　）

3. 26°34′坡度的屋面坡度延尺系数为 1.28。（　　）

4. 隅延尺系数是计算屋面斜脊长度的。（　　）

5. 计算卷材屋面工程量应包括女儿墙弯起部分。（　　）

6. 涂膜屋面的油膏嵌缝及屋面分格缝以延长米计算。（　　）

7. 柱帽保温隔热层按体积并入顶棚保温隔热层工程量内。（　　）

8. 防水卷材的附加层应单独计算。（　　）

9. 墙体保温隔热层按设计图示尺寸以面积计算，不扣除门窗洞口所占面积。（　　）

10. 铁皮排水按图示尺寸以展开面积计算。（　　）

11. 铸铁、玻璃钢水落管区别不同的直径按设计图示尺寸以长度计算。（　　）

12. 保温隔热层应按不同材料以平方米计算。（　　）

13. 设计要求卷材屋面不刷冷底子油，则应从定额中扣除冷底子油所用工料。（　　）

14. 雨水口的工程量按个计算。（　　）

15. 变形缝区分不同材料以延长米计算。（　　）

16. 柱包隔热层按隔热层实体的体积计算。（　　）

（三）计算题

1. 根据"××工作室"施工图和本地区建筑工程预算定额，在表 16-1 中完成该屋面工程下列项目的工程量计算：

（1）1：6 水泥炉渣屋面找坡层（最薄处 30mm）

（2）1：3 水泥砂浆屋面找平层（20mm 厚）

（3）二毡三油一砂屋面防水层（女儿墙处卷起 250mm）

工程量计算表　　　　　　　　　　　　　　　表 16-1

工程内容：屋面工程

序号	定额编号	分项工程名称	单位	工程量	工程量计算式

2. 根据第 1 题在表 16-1 中计算出的结果和本地区建筑工程预算定额，完成表 16-2 的计算内容。

直接工程费计算及工料分析表　　　　　　　　　　　　　表 16-2

工程内容：屋面工程

序号	定额编号	项目名称	单位	工程量	直接工程(元)		人工费(元)		主要材料用量			
					基价	合价	单价	小计				

3. 根据第 2 题在表 16-2 中计算出的结果和表 16-3 中给定的数据，完成表 16-3 的计算内容。

建筑工程造价计算表　　　　　　　　　　　　　表 16-3

工程内容：屋面工程

序号	费用名称	计 算 式	金额(元)
1	直接工程费	见表 16-2	
2	其中：人工费	见表 16-2	
3	文明施工费	(2)×3%	
4	安全施工费	(2)×5.5%	
5	临时设施费	(2)×1.5%	
6	企业管理费	(1)×5.5%	
7	利润	(1)×4%	
8	税金	(1)～(7)之和减(2)×3.43%	
9	工程造价	(1)～(8)之和减(2)	

第十七章 装饰工程

一、学习要点

1. 内墙抹灰长度按主墙间净长尺寸计算，高度按有墙裙、无墙裙、有吊顶、无吊顶等不同情况确定。

2. 花岗石、面砖等墙面，按实贴面积计算。

3. 吊顶一般分为龙骨和面层两个项目，按不同材料分别按面积计算。

二、你知道了吗

1. 如何计算内墙面抹灰工程量？应扣除哪些面积，不扣除哪些面积？

2. 外墙抹灰与外墙装饰抹灰有何区别？

3. 什么是挂镜线？

4. 顶棚龙骨和顶棚面装饰各起什么作用？

5. 喷涂和裱糊是一回事吗？分别举例说明。

三、作业练习

（一）单项选择

1. 雨篷顶面带反檐或反梁时抹灰工程量应按水平投影面积乘以系数（　　　）计算。

  A. 1.1   B. 1.2   C. 1.3   D. 1.4

2. 混凝土平板式楼梯底板涂料工程量按（　　）计算。

    A. 水平投影面积　　　　　　　　B. 水平投影面积乘系数

    C. 实际展开面积　　　　　　　　D. 展开面积乘系数

3. 雨篷底面带悬臂梁时，抹灰工程量按（　　）计算。

    A. 雨篷水平投影面积

    B. 雨篷实际抹灰面积

    C. 雨篷水平投影面积乘系数

    D. 雨篷底面按水平投影面积计算，悬臂梁按展开面积

4. 凸出外墙面的附墙柱抹灰（　　）计算。

    A. 并入墙面抹灰面积内

    B. 按独立柱抹灰

    C. 凸出部分按柱面抹灰，墙内部分按墙面抹灰

    D. 按零星抹灰

5. 钉板条顶棚的内墙抹灰高度按（　　）计算。

    A. 室内地面至顶棚底面高度　　　B. 室内地面至顶棚底面另加 10cm

    C. 室内地面至顶棚底面另加 12cm　D. 室内地面至顶棚底面另加 20cm

6. 柱面装饰工程量按（　　）计算。

    A. 柱结构断面周长乘以柱高　　　B. 柱外围饰面尺寸乘以柱高

    C. 柱外围断面周长　　　　　　　D. 柱面实际面积

7. 墙面抹灰按垂直投影面积计算，应扣除（　　）所占面积。

    A. 踢脚线　　　　　　　　　　　B. 门窗洞口

    C. 构件与墙交接面　　　　　　　D. 挂镜线

8. 门窗套抹灰展开宽度在（　　）以内时，按装饰线以延长米计算工程量。

    A. 150mm　　　　B. 250mm　　　　C. 300mm　　　D. 360mm

9. 内墙面抹灰按主墙间净长乘净高以平方米计算，应扣除（　　）所占面积。

    A. 踢脚线　　　　　　　　　　　B. 0.3m² 内面积

    C. 墙与构件交接处　　　　　　　D. 空圈

10. 挑檐、天沟、腰线等抹灰的工程量，应（　　）。

    A. 按延长米计算，并执行零星抹灰定额

    B. 按米计算，并入相应的外墙抹灰工程量内计算

    C. 按图示尺寸展开面积以平方米计算，并入相应的外墙抹灰工程量内

    D. 按图示尺寸展开面积以平方米计算，并执行零星抹灰定额

（二）多项选择

1. 内墙抹灰面积计算的规定是（　　）所占面积。

    A. 扣除门窗洞口　　　　　　　　B. 不扣除踢脚板

    C. 不扣除墙裙　　　　　　　　　D. 不扣除构件与墙交接处

2. 装饰工程抹灰分为（　　）。

    A. 内墙抹灰　　　　　　　　　　B. 外墙抹灰

    C. 外墙装饰抹灰　　　　　　　　D. 内墙装饰抹灰

3. 各种吊顶龙骨按主墙间净空面积计算，不扣除（　　）所占面积。

A. 间壁墙　　　　　B. 检查口　　　　C. 附墙柱　　　D. 管道

4. 计算墙面抹灰工程量时，下列项目中（　　　）的面积不扣除。

A. 踢脚线　　　　　　　　　　　B. 梁头所占

C. 大于 $0.3m^2$ 的孔洞　　　　　D. 门窗

5. 下列项目中属于零星抹灰的有（　　　）。

A. 女儿墙内侧抹灰　　　　　　　B. 栏板内外侧抹灰

C. 花池抹灰　　　　　　　　　　D. 台阶抹灰

6. 关于顶棚抹灰的工程量计算，下面叙述正确的是（　　　）。

A. 带梁顶棚，梁的两侧抹灰面积，应并入顶棚抹灰的工程量内计算

B. 按主墙间净面积以平方米计算

C. 不扣除间壁墙、垛、附墙烟囱等所占的面积

D. 檐口顶棚抹灰面积并入相同的顶棚抹灰的工程量内计算

7. 抹灰展开宽度在 300mm 以内时，按装饰线长度以延长米计算的项目包括（　　　）。

A. 栏板　　　　　B. 窗台板　　　　C. 腰线　　　　D. 门窗套

8. 对于洞口侧壁，下列哪些部位计算时，不需增加工程量（　　　）。

A. 外墙抹灰　　　　　　　　　　B. 外墙装饰抹灰

C. 外墙块料　　　　　　　　　　D. 内墙抹灰

9. 顶棚抹灰工程量按主墙间净面积计算（　　　）。

A. 不扣除间壁墙面积

B. 有装饰线时，装饰线抹灰面积并入顶棚抹灰面积中

C. 应扣除柱所占面积

D. 带梁顶棚，增加梁两侧抹灰面积

（三）判断题（判断并纠错，将正确的答案写在空行中）

1. 外墙抹灰不扣除圈梁所占面积。（　　　）

2. 顶棚骨架、面层分别列项，工程量相同。（　　　）

3. 单独的外窗台抹灰长度按洞口宽两边各加 200mm 计算。（　　　）

4. 顶棚抹灰应扣除 120mm 砖墙所占的面积。（　　　）

5. 楼梯底面的抹灰按水平投影面积的 1.3 倍计算工程量。（　　　）

6. 墙面抹灰分为一般抹灰和装饰抹灰。（　　　）

7. 全国建筑工程基础定额中，水刷石属于一般抹灰。（　　　）

8. 混合砂浆抹墙面属于装饰抹灰。（　　　）

9. 花岗石外墙面挂贴属于装饰工程预算项目。（　　）

10. 铝合金门窗安装属于装饰工程预算项目。（　　）

11. 墙面凡是使用彩色石子的水刷石子均属美术水刷石项目。（　　）

12. 檐口顶棚抹灰应单独套用定额。（　　）

13. 内墙抹灰扣除各种现浇或预制梁头伸入墙内所占的面积。（　　）

14. 顶棚中的折线、灯槽线抹灰，按延长米计算。（　　）

15. 有墙裙的内墙抹灰按室内地面至顶棚底面之间距离计算。（　　）

16. 外墙各种装饰抹灰均按图示尺寸以面积计算，门窗洞口扣除，侧壁增加。（　　）

17. 顶棚抹灰定额中已包括基层刷 108 胶素水泥浆一遍的工料。（　　）

（四）计算题

1. 根据第八章"××活动室"施工图和本地区建筑工程预算定额，在表 17-1 中列出该工程的装饰抹灰分部的预算项目并计算其工程量。

工程量计算表　　　　　　　　　　　　　　　　　　　　　表 17-1

工程名称：××活动室装饰抹灰分部

序号	定额编号	分项工程名称	单位	工程量	工程量计算式

2. 根据"××工作室"施工图和本地区的建筑工程预算定额，在表 17-2 中列出该单位工程各分部工程的预算项目并计算其工程量。

工程名称：××工作室

序号	定额编号	分项工程名称	单位	工程量	工程量计算式

工程名称：××工作室

序号	定额编号	分项工程名称	单位	工程量	工程量计算式

工程名称：××工作室

序号	定额编号	分项工程名称	单位	工程量	工程量计算式

工程名称：××工作室

序号	定额编号	分项工程名称	单位	工程量	工程量计算式

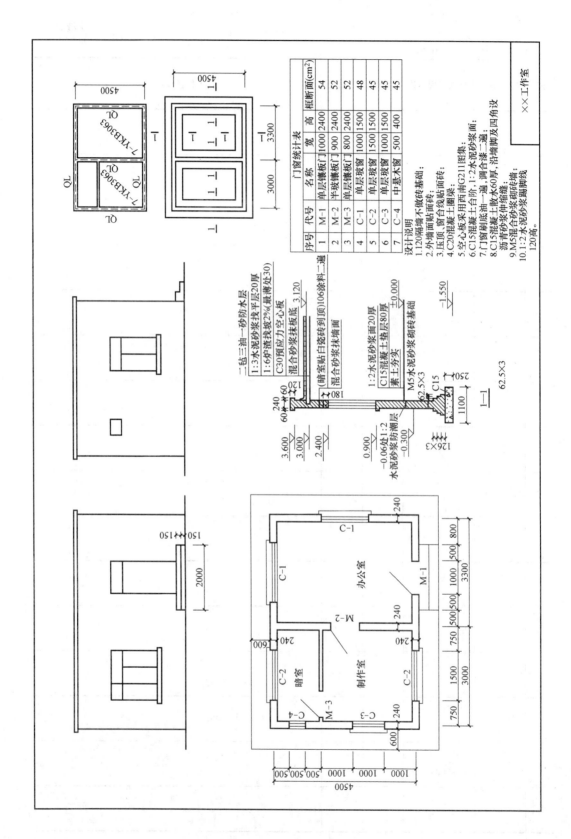

102

第十八章　金属结构制作、构件运输与安装及其他

一、学习要点

1. 金属结构制作工程量按图示钢材尺寸以吨为单位计算。

2. 在计算不规则或多边形钢板重量时，均按其几何图形的外接矩形面积计算。

3. 建筑物垂直运输机械台班用量，区分不同建筑物的结构类型及檐口高度按建筑面积以平方米计算。

4. 预制混凝土构件制作、运输、安装损耗按规定的损耗率计算后并入构件工程量内。

二、你知道了吗

1. 金属结构制作工程量按图示钢材尺寸以吨为单位计算，不扣除哪些内容的重量？

2. 什么是制动梁？它有何用？

3. 钢柱间支撑有什么用？如何计算它的工程量？

4. 为什么要计算建筑工程垂直运输费？

5. 预制空心板的制作工程量与安装工程量相同吗？为什么？

三、作业练习

（一）单项选择

1. 制动梁的制作工程量不包括（　　）。

A. 制动桁架　　　　B. 焊缝　　　　C. 制动梁　　　　D. 制动板

2. 本章钢栏杆制作仅限于（　　　）。

    A. 工业厂房中操作台的钢栏杆　　　　B. 住宅的楼梯钢栏杆

    C. 办公楼的走道钢栏杆　　　　D. 教学楼的安全钢栏杆

3. 75mm×50mm×6mm 规格的角钢每米重量是（　　　）kg。

    A. 6.58　　　　B. 8.65　　　　C. 8.56　　　　D. 5.68

4. 预制空心板的制作废品率是（　　　）%。

    A. 0.4　　　　B. 0.5　　　　C. 0.2　　　　D. 0.8

5. 构件运输规定 4m 以内的空心板是（　　　）构件。

    A. 1 类　　　　B. 2 类　　　　C. 3 类　　　　D. 4 类

（二）多项选择

1. 金属结构制作工程量按图示钢材尺寸以吨为单位计算，不扣除（　　　）等重量。

    A. 孔眼　　　　B. 切边　　　　C. 焊条　　　　D. 螺栓

2. 墙架的制作工程量包括（　　　）的重量。

    A. 焊缝　　　　B. 墙架柱　　　　C. 墙架梁　　　　D. 连接柱杆

3. 轨道制作工程量不包括（　　　）等重量。

    A. 垫板　　　　B. 轨道　　　　C. 斜垫　　　　D. 夹板

4. 凸出主体建筑屋顶的（　　　）等不计入檐口高度之内。

    A. 电梯间　　　　B. 挑檐　　　　C. 水箱间　　　　D. 檐口天棚

5. 构件运输中属于 2 类构件的预制混凝土构件有（　　　）。

    A. 6m 以内的吊车梁　　　　B. 6m 以内的楼梯段

    C. 天窗架　　　　D. 门框

6. 构件运输中属于 2 类构件的金属结构构件有（　　　）。

    A. 钢吊车梁　　　　B. 钢支撑　　　　C. 钢爬梯　　　　D. 钢墙架

7. 建筑物超高人工降效的内容包括（　　　）。

    A. 工人上下班降低工效　　　　B. 工人上楼工作前休息

    C. 垂直运输影响的时间　　　　D. 工人住地距离工地远

（三）判断题（判断并纠错，将正确的答案写在空行中）

1. 建筑物垂直运输的工程量按建筑物的高度计算。（　　　）

2. 超出屋面的楼梯间、电梯机房可计超高面积，但不计高度。（　　　）

3. 构筑物垂直运输机械台班以座计算。超过规定高度时再按每增高 1m 定额项目计算，其高度不足 1m 时，亦按 1m 计算。（　　　）

4. 当建筑物高度不小于 20m 时，应考虑建筑物超高人工、其他机械降效。（　　　）

5. 金属结构制作按图示钢材尺寸以吨计算，应扣孔眼、切边的重量。（　　　）

6. 计算金属结构制作工程量时，焊条的重量要增加。（　　）

7. 钢柱上的钢牛腿按零星项目计算工程量。（　　）

8. 50mm×50mm×5mm 规格的角钢每米重 4.15kg。（　　）

9. 10mm 厚的钢板理论重量为 78.50kg/m^2。（　　）

10. 建筑物的檐口高度就是女儿墙的上口高度。（　　）

第十九章　直接费计算及工料分析

一、学习要点

1. 明确直接费的构成，分清楚直接费与直接工程费的概念。

2. 措施费包括哪些内容？如何确定？

3. 用单位估价法计算直接工程费的前提条件是，要有相对应的定额基价。

4. 用实物金额法计算直接工程费的前提条件是，要有预算定额和人工、材料、机械台班单价。

5. 用实物金额法计算出的直接工程费，不需要调整材料单价，为什么？

6. 什么情况下编制的施工图预算需要调整材料价差？

7. 材料价差调整的方法。

8. 综合系数调整材料价差的范围一般是地方材料和辅材等。

9. 工程实物消耗量的计算方法。

二、你知道了吗

1. 直接费包括哪些内容？各项费用如何计算？

2. 没有预算定额能计算出直接工程费吗？为什么？

3. 工程上所消耗的工、料、机械台班使用量是如何计算出来的？

三、作业练习

（一）单项选择

1. 建筑安装工程直接工程费主要包括（　　　）。

　　A. 人工费、材料费、施工管理费

　　B. 人工费、材料费、利润

　　C. 人工费、施工管理费、施工机械使用费

D. 人工费、材料费、施工机械使用费

2. 在施工现场对建筑材料、构件进行一般性鉴定、检查所发生的费用应列入（　　）。

    A. 检验试验费   B. 研究试验费   C. 间接费   D. 措施费

3. 以下费用中属于建筑安装工程措施费的是（　　）。

    A. 夜间施工增加费   B. 施工机械修理费

    C. 材料采购及保管费   D. 生产工人基本工资

4. 采用单位估价法和实物金额法编制施工图预算的主要区别是（　　）。

    A. 计算直接工程费用的方法不同

    B. 计算工程量的方法不同

    C. 计算利润税金的方法不同

    D. 计算措施费、间接费的方法不同

5. 下列费用不属于直接费的是（　　）。

    A. 材料费   B. 企业管理费   C. 施工排水、降水费 D. 环境保护费

6. 措施费是指为完成工程项目施工，发生于该工程施工前和施工过程中非工程实体项目的费用，因此（　　）不属于该费用。

    A. 劳动保险费   B. 临时设施费   C. 脚手架费   D. 模板费

7. 施工企业在施工现场搭设临时设施的支出应列入（　　）。

    A. 直接工程费   B. 间接费   C. 工程建设其他费用 D. 措施费

8. 在用单位估价法编制施工图预算的过程中，单价是指（　　）。

    A. 预算定额单价   B. 材料单价   C. 人工单价   D. 机械台班单价

9. 用实物金额法编制施工图预算中，计算完工程量之后的步骤是（　　）。

    A. 套单位估价表   B. 套当时当地的人、材、机单价

    C. 套预算定额人、材、机消耗指标   D. 套费用定额

10. 下列费用中不属于直接工程费的是（　　）。

    A. 材料费   B. 人工费   C. 办公费   D. 机械费

11. 某钢筋混凝土结构工程施工中，混凝土试块的试验费应计入（　　）中。

    A. 建设单位管理费   B. 建安工程直接工程费

    C. 建安工程间接费   D. 工程建设其他投资中的研究试验费

12. 利用实物金额法编制施工图预算时，应在单位估价法所收集资料的基础上，进一步收集（　　）。

    A. 施工图纸   B. 施工组织设计   C. 现行取费文件   D. 当时当地价格

13. 用单位估价法编制施工图预算的主要工作有：A. 套预算定额单价；B. 计算工程量；C. 作工料分析；D. 列出分部分项工程；E. 计算各项费用汇总造价；F. 准备工作；G. 复核整理。其编制步骤应为（　　）。

    A. $F \to B \to A \to D \to C \to E \to G$ B. $F \to D \to B \to A \to C \to E \to G$

    C. $F \to A \to B \to D \to C \to E \to G$ D. $F \to D \to C \to B \to A \to E \to G$

（二）多项选择

1. 直接费由（　　）构成。

    A. 直接工程费   B. 间接费   C. 措施费   D. 规费

2. 直接工程费包括（　　）。

　　A. 人工费　　　　　　B. 材料费　　　　　　C. 机械使用费　　　　D. 措施费

3. 人工费包括（　　）。

　　A. 基本工资　　　　　B. 工资性补贴　　　　C. 职工福利费　　　　D. 社会保障费

4. 措施费包括（　　）。

　　A. 环境保护费　　　　B. 文明施工费　　　　C. 安全施工费　　　　D. 夜间施工费

5. 实物金额法计算直接工程费的依据有（　　）。

　　A. 工程量　　　　　　B. 预算定额　　　　　C. 人工单价　　　　　D. 材料单价

6. 单位估价法计算直接工程费的依据有（　　）。

　　A. 工程量　　　　　　B. 定额基价　　　　　C. 间接费定额　　　　D. 费用定额

7. 材料价差产生的原因有（　　）。

　　A. 用单位估价法计算直接工程费

　　B. 用实物金额法计算直接工程费

　　C. 现行的材料单价与定额基价的材料单价发生了变化

　　D. 用完全定额基价的预算定额编制施工图预算

8. 材料价差的调整方法有（　　）

　　A. 随机价差调整　　　　　　　　　B. 定时价差调整

　　C. 单项材料价差调整　　　　　　　D. 综合系数材料价差调整

（三）判断题（判断并纠错，将正确的答案写在空行中）

1. 直接费由直接工程费和措施费构成。（　　）

2. 机械使用费是人工费的组成部分。（　　）

3. 脚手架费属于措施费。（　　）

4. 安全施工费属于规费。（　　）

5. 现场临时管线属于临时设施。（　　）

6. 单位估价法也称单价法。（　　）

7. 实物金额法也称工料单价法。（　　）

8. 采用单位估价法一般要进行材料价差调整。（　　）

9. 直接费是直接工程费的简称。（　　）

10. 材料费中包括材料的二次搬运费。（　　）

11. 采用单价法编制的施工图预算，每个预算都要调整材料价差。（　　）

12. 采用实物法编制的施工图预算，每个工程都要进行钢筋价差的调整。（　　）

13. 工程所需消耗的各种用量是根据工程量乘定额的消耗指标计算出来的。（　　）

（四）计算题

1. 根据第十七章"××工作室"工程在表 17-2 中计算出的各分项工程量和本地区建筑工程预算定额，完成表 19-1 的计算内容。

提示：将表 17-2 中计算出的"××工作室"各分项工程量，按本地区定额中分部工程的顺序整理到表 19-1 中，进行该工程直接工程费的计算及工料分析。每个分部工程完成后需进行分部工程小计，各分部工程计算完后，根据各分部工程的小计数，进行该单位工程的直接工程费的合计和工料分析的汇总。

直接工程费计算及工料分析表　　　　　　　　　　　表 19-1

工程名称：××工作室

序号	定额编号	项目名称	单位	工程量	直接工程费(元)		人工费(元)		主要材料用量				
					基价	合价	单价	小计					

工程名称：××工作室

序号	定额编号	项目名称	单位	工程量	直接工程费(元)		人工费(元)		主要材料用量				
					基价	合价	单价	小计					

工程名称：××工作室

序号	定额编号	项目名称	单位	工程量	直接工程费(元)		人工费(元)		主要材料用量			
					基价	合价	单价	小计				

工程名称：××工作室

序号	定额编号	项目名称	单位	工程量	直接工程费(元)		人工费(元)		主要材料用量				
					基价	合价	单价	小计					

2. 单项材料价差的调整

根据表 19-2 中的数据，进行单项材料价差的调整计算。

单项材料价差调整表 表 19-2

序号	材料名称	单位	数量	现行材料单价(元)	预算定额材料单价(元)	价差(元)	调整金额(元)
1	42.5 水泥	t	453	520.00	300.00		
2	φ10 圆钢筋	t	260	4500.00	2800.00		
3	锯材	m³	85	1350.00	900.00		
4	沥青 60 号	kg	621	2.50	1.90		
	小计						

3. 根据"××工作室"工程在表 19-1 中合计的各分部工程的材料用量，在表 19-3 中完成该工程在表 19-3 中所列的单项材料价差的调整计算。

单项材料价差调整表 表 19-3

工程名称：××工作室

序号	材料名称	单位	数量	现行材料单价(元)	预算定额材料单价(元)	价差(元)	调整金额(元)
1	42.5 水泥	t		520.00	300.00		
2	φ10 圆钢筋	t		4500.00	2800.00		
3	标准砖	千块		340.00	140.00		
4	玻璃	m²		25.00	18.00		
5	锯材	m³		1350.00	900.00		
6	油毡	m²		4.50	2.00		
7	石油沥青	kg		2.70	1.80		
	小计						

4. 根据本地区建筑工程预算定额和表 19-4 中的现行材料单价、表 19-5 中的几个分项工程的工程数量，用实物金额法完成表 19-5 的工、料、机分析，并将分析出来的结果填写在表 19-6 中，按表 19-6 中的内容完成这几个分项工程的直接工程费的计算。

材料价格表

表 19-4

序号	材料名称	现行材料单价	序号	材料名称	现行材料单价
1	42.5 水泥	0.52 元/kg	4	细砂	55.00 元/m³
2	红 砖	0.34 元/块	5	砾石	53.00 元/m³
3	中 砂	60.00 元/m³	6	水	2.50/m³

注：人工单价为 35.00 元/工日。

工料机分析表

表 19-5

序号	定额编号	项目名称	单位	工程量	人工工日	42.5 水泥 (kg)	红砖 (块)	细砂 (m³)	中砂 (m³)	砾石 (m³)	水 (m³)	其他材料费 (元)	机械费 (元)
1		M5 水泥砂浆砌标准砖砖墙	m³	456									
2		M7.5 水泥砂浆砌方形砖柱	m³	89									
3		1：2 水泥砂浆地面面层	m²	120									
4		C20 混凝土基础垫层	m³	26									
		小计											

实物金额法直接工程费计算表

表 19-6

序	名　称	单位	数　量	单价(元)	合价(元)	备　注
1	人工	工日		35.00		人工费＝
2	42.5水泥	kg				材料费＝
3	红砖	块				
4	细砂	m³				
5	中砂	m³				
6	砾石	m³				
7	水	m³				
8	其他材料费	元				
9	砌墙机械费	元				机械费＝
10	砌柱机械费	元				
11	地面面层机械费					
12	基础垫层机械费					
说明:机械费采用本地区建筑工程(预算)计价定额的数据						
	合计					直接工程费＝

第二十章　建筑安装工程费用计算

一、学习要点

1. 目前建筑安装工程费用由国家主管部门划定。

2. 间接费由规费、企业管理费构成。

3. 税金包括：营业税、城市维护建设税和教育费附加，根据工程所在地不同，税率有所不同。

4. 各项费用标准的确定，依据工程类别和施工企业的取费级别。

5. 工程类别和企业的取费级别是如何确定的？

6. 费用计算程序由主管部门确定，确定的内容：一是费用项目和计算顺序，二是取费基数和取费费率。

二、你知道了吗

1. 每个工程都必须按费用计算程序所列的费用项目计算完成吗？为什么？

2. 利润率一般根据什么确定？

3. 建筑工程取费的基数是什么？装饰工程取费的基数是什么？安装工程取费的基数是什么？基数一样吗？为什么？

三、作业练习

（一）单项选择

1. 土建工程预算造价的费用计算基础是（　　　）。

    A. 直接工程费　　　B. 直接费　　　C. 定额材料费　　　D. 定额人工费

2. 用综合系数调整材料价差的计算基础是（　　　）。

    A. 直接工程费　　　B. 定额材料费　　C. 定额人工费　　　D. 直接费

3. 广告费属于（　　）。

    A. 措施费　　　　　　　B. 直接工程费　　C. 企业管理费　　　　D. 财务费

4. 下列项目中不属于成本的有（　　）。

    A. 材料二次多次搬运费　　　　　　B. 生产工具用具费

    C. 利润　　　　　　　　　　　　　D. 企业管理费

5. 某工程为五楼一底的住宅工程，属于（　　　　）类工程。

    A. 二　　　　　　　　　B. 三　　　　　　C. 四　　　　　　　　D. 五

6. 建筑安装工程费用中营业税的计税基础是（　　）。

    A. 直接费与间接费之和　　　　　　B. 直接费、间接费与利润之和

    C. 直接工程费与间接费之和　　　　D. 建筑安装工程总价

7. 教育费附加的计费基础是（　　）。

    A. 城市维护建设税　　　　　　　　B. 营业税＋城市维护建设税

    C. 人工费＋材料费＋机械费　　　　D. 营业税

8. 建筑安装工程预算价值中的税金不包括（　　　　）。

    A. 营业税　　　　　　　B. 所得税　　　　C. 城市维护建设税　　D. 教育费附加

（二）多项选择

1. 工程造价是指（　　）。

    A. 全部固定资产投资费用　　　　　B. 工程价格

    C. 建筑安装工程费用　　　　　　　D. 建设工程总价格

2. 以下费用中，属于间接费用的是（　　）。

    A. 管理人员工资　　　　　　　　　B. 离退休人员退休金

    C. 安全保险费　　　　　　　　　　D. 工程承包费

3. 材料价差是指（　　）。

    A. 市场价与材料预算价格的差异

    B. 实际购进价与定额材料价格的差异

    C. 定额取定的材料预算价格与实际购进价格的差异

    D. 不同时期购进材料的价格差异

4. 施工企业财务人员的工资属于（　　　　）。

    A. 财务费用　　　　　　　　　　　B. 与项目建设有关的其他投资

    C. 企业管理费　　　　　　　　　　D. 间接费

5. 下列费用中，属于间接费的是（　　　　）。

    A. 养老保险费　　　　　B. 财务费　　　　C. 办公费　　　　　　D. 工程排污费

6. 间接费定额的计算是以（　　）为基础。

    A. 直接费　　　　　　　B. 人工费　　　　C. 机械费　　　　　　D. 人工费和机械费

7. 建筑安装工程间接费中的规费包括（　　　　）。

    A. 工程定额测定费　　　B. 社会保障费　　C. 财务费　　　　　　D. 劳动保险费

8. 建筑安装工程间接费包括（　　）。

    A. 企业管理费　　　　　B. 工程监理费　　C. 建设单位管理费　　D. 规费

9. 建筑安装工程费用主要由（　　　　）组成。

A. 直接费　　　　　B. 间接费　　　　C. 利润税金　　　　D. 定额管理费

10. 税金包括（　　　　）。

　　A. 营业税　　　　　B. 教育费附加　　C. 奖金税　　　　　D. 城市维护建设税

11. 国家统一建筑安装工程费用划分口径的目的是（　　　　）。

　　A. 规范业主投资行为　　　　　　B. 加强建设项目投资管理

　　C. 合理确定工程造价　　　　　　D. 合理控制工程造价

12. 国家统一建筑安装工程费用划分口径后，使得（　　）等方面有了统一的标准。

　　A. 编制施工图预算　　　　　　　B. 建设工程招投标

　　C. 工程成本核算　　　　　　　　D. 工程结算

13. 间接费由（　　　）组成。

　　A. 措施费　　　　　B. 规费　　　　　C. 企业管理费　　　D. 其他费用

14. 社会保障费包括（　　　　）。

　　A. 养老保险费　　　B. 失业保险费　　C. 医疗保险费　　　D. 意外伤害保险费

15. 企业管理费包括（　　　　）。

　　A. 工人工资　　　　B. 办公费　　　　C. 差旅交通费　　　D. 劳动保险费

16. 下列提法正确的有（　　　　）。

　　A. 建筑工程一般以定额直接工程费为基础计算各项费用

　　B. 安装工程一般以定额人工费为基础计算各项费用

　　C. 装饰工程一般以定额直接工程费为基础计算各项费用

　　D. 材料价差不能作为计算间接费等费用的基础

（三）判断题（判断并纠错，将正确的答案写在空行中）

1. 税金是劳动者为单位劳动创造的价值。（　　　）

2. 每个工程都要计算定额管理费。（　　　　）

3. 每个工程都要计算大型机械进出场费用。（　　　　）

4. 每个工程都要计算超高施工增加费。（　　　　）

5. 预算成本包括企业管理费。（　　　　）

6. 规费按企业取费级别取费。（　　　　）

7. 财务费是指财务人员发生的费用。（　　　　）

8. 劳动保险费是指交给保险公司的保费。（　　　　）

9. 每个工程都应收取安全文明施工增加费。（　　　　）

10. 塔吊进场费属于按规定允许按实计算的费用。（　　）

11. 建筑安装工程费用亦称建筑安装工程造价。（　　）

12. 国家统一建筑安装工程费用划分口径的目的是为了好算账。（　　）

13. 直接费称为预算成本。（　　）

14. 规费是指施工合同中规定的费用。（　　）

15. 工程定额测定费是指以前的定额管理费。（　　）

16. 住房公积金属于规费。（　　）

17. 企业管理费包括管理人员工资。（　　）

18. 企业管理费包括工会经费。（　　）

19. 房产税、土地使用税、车船使用税、印花税属于企业管理费。（　　）

20. 教育费附加的计算基础是营业税。（　　）

21. 营业税的计算基础是不含税工程造价。（　　）

22. 装饰工程一般以定额人工费为基础计算各项费用。（　　）

（四）计算题

1. 根据下列有关条件，依据本地区预算定额和费用定额，在表 20-1 中计算单项材料价差，在表 20-2 中计算建筑工程造价。

（1）定额直接工程费：9765400 元

其中，定额人工费：764200 元

定额机械费：976000 元

（2）钢筋混凝土预制构件制作定额直接工程费：54000 元

（3）金属构件制作安装定额直接工程费：3800 元

（4）木门窗制作定额直接工程费：6500 元

（5）承包商（施工单位）取费等级：三级一档

（6）工程类别：三类

（7）按本地区定额规定计算各项费用

（8）工程建设地点：××市区内

（9）人工费调整系数：土建工程

（10）材料价差综合调整系数：土建工程

（11）税率：3.43%

单项材料价差调整表 表 20-1

序号	材料名称	单位	数量	现行单价（元）	定额单价（元）	价差（元）	调整金额（元）
1	32.5水泥(小厂)	t	642	310.00			
2	42.5水泥(大厂)	t	997	520.00			
3	42.5白水泥	t	8.5	550.00			
4	锯材(综合)	m³	323	1460.0			
5	三层胶合板	m²	870	10.20			
6	钢筋	t	265	4800.00			
7	标准砖	千块	386	340.00			
8	中砂	m³	289	60.00			
9	细砂	m³	264	55.00			
10	砾石	m³	372	53.00			
	小计	元					

建筑工程造价计算表 　　　　　　　　　　　　　　　　　　　　　　　表 20-2

（以直接工程费为计算基础）

序号	费用名称	金额(元)	计　算　式

2. 根据第十七章"××工作室"工程在表 19-1 中计算出的直接工程费和表 19-3 中计算出的单项材料价差的调整金额，结合下列有关条件，在表 20-3 中计算"××工作室"的建筑工程造价。

(1) 按本地区定额规定计算各项费用

(2) 承包商（施工单位）取费等级：四级一档

(3) 工程类别：四类

(4) 工程建设地点：××市区内

(5) 人工费调整系数：土建工程

(6) 材料价差综合调整系数：土建工程

(7) 税率：3.43%

建筑工程造价计算表　　　　　　　　　　　　表 20-3

（以直接工程费为计算基础）

序号	费用名称	金额(元)	计　算　式

序号	费用名称	金额(元)	计　算　式

3. 根据表 19-6 中用实物金额法计算的几个分项工程的直接工程费，结合下列有关条件，在表 20-4 中计算这几个分项工程的建筑工程造价。

（1）按本地区定额规定计算各项费用

（2）承包商（施工单位）取费等级：四级一档

（3）工程类别：四类

（4）工程建设地点：××市区内

（5）人工费调整系数：土建工程

（6）材料价差综合调整系数：土建工程

（7）税率：3.43%

建筑工程造价计算表　　　　　　　　　　　　　　　　表 20-4
（以直接工程费为计算基础）

序号	费用名称	金额(元)	计　算　式

序号	费 用 名 称	金额(元)	计　算　式

4. 根据"小平房工程"施工图，本地区预算定额、费用定额，按照施工图预算编制的有关规定，用单位估价法编制"小平房工程"施工图预算（施工条件、作业表格自定）。

提示：（1）列项；

（2）计算工程量；

（3）套用预算定额基价及消耗指标；

（4）计算定额直接工程费及工料分析、汇总；

（5）单项材料价差调整计算；

（6）工程造价计算。

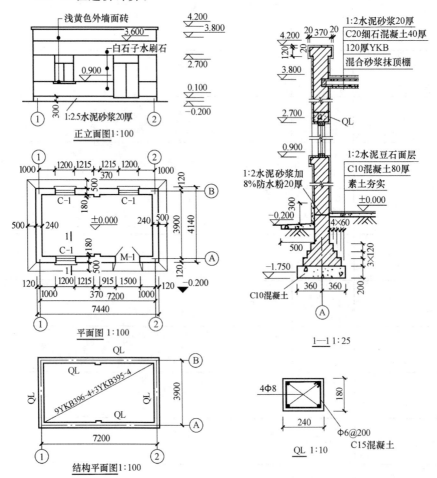

设计说明

1. 基础：防潮层以下用MU7.5机制砖、M5水泥砂浆砌筑。土方开挖为三类土。

2. 墙身：MU7.5机制砖M2.5混合砂浆砌筑。外墙面为白石子水刷石。内墙面为：1:2.5石灰砂浆底18厚，纸筋灰面2厚，刷106涂料二遍。

3. 屋面：基层为C30YKB(西南G211)，防水层为40厚C20细石混凝土，内配Φ4@200双向温度钢筋。四周有女儿墙，1:2水泥砂浆压顶20厚，内侧抹1:2水泥砂浆20厚。

4. 油漆：门窗均刷深色调合漆二遍，底油一遍。木窗设窗栅Φ12@120，刷深色调合漆二遍。

5. 其他：窗台线、檐口处贴浅黄色外墙面砖。散水为C10混凝土60厚。大门外坡道宽1000，做法同地面。

门窗统计表

名　称	代号	洞口尺寸		框外围尺寸		备注	
		宽	高	宽	高	框断面	扇断面
单层双扇镶板门	M-1	1500	2700	1478	2680	52	50
单层平开玻璃窗	C-1	1200	1800	1180	1780	48	27

小平房工程施工图

第二十一章 工 程 结 算

一、学习要点

1. 工程结算是工程竣工后，由施工单位编制，与建设单位计算工程造价的依据。

2. 工程结算一般是在施工图预算的基础上，根据施工过程中的变化情况调整后编制而成的。

3. 工程变更资料、施工图预算是计算工程结算的重要依据。

4. 工程结算的编制方法同施工图预算的编制方法。

二、你知道了吗

1. 工程结算是按实际成本计算吗？为什么？

2. 每个工程都要编制工程结算吗？为什么？

3. 工程结算由谁来编？什么时候编？怎样编？

4. 没有变更资料能编结算吗？为什么？

三、作业练习

（一）选择题

1. 施工企业完成任务后，向建设单位办理最后工程价格的工作称为工程（　　）。

    A. 决算　　　　　　　B. 结算　　　　　　　C. 预算　　　　　　D. 工程造价

2. 工程结算的方法有（　　）。

    A. 竣工后一次结算　B. 分段结算　　　　　C. 按月结算　　　　D. 目标结算

3. 竣工决算是反映建设项目（　　）的文件，是竣工验收报告的重要组成部分。

    A. 结算价　　　　　　B. 实际造价　　　　　C. 投资效果　　　　D. 合同价

4. 工程结算由（　　）编制，竣工决算由（　　）编制。

    A. 建设单位　　　　　B. 施工单位　　　　　C. 投资商　　　　　D. 生产班组

5. 工程结算是对原施工图预算或工程承包价进行（　　），重新确定工程造价的经济文件。

    A. 调整　　　　　　　B. 修正　　　　　　　C. 推翻　　　　　　D. 认定

6. 下列提法正确的是（　　）。

A. 工程结算由施工单位编制   B. 工程结算由建设单位编制

C. 竣工决算由施工单位编制   D. 竣工决算由建设单位编制

7. 编制工程结算应具备的资料有（   ）。

A. 设计变更   B. 施工技术核定单   C. 施工合同   D. 分包工程结算

（二）判断题

1. 工程结算亦称竣工结算。（   ）

2. 工程结算一般以一个单项工程为对象。（   ）

3. 工程结算可以自行调整工程量。（   ）

（三）选择实例进行工程结算的编制

附录一 预算定额的应用单元测验题

一、预算定额的直接套用

根据下表中给出的分项工程名称和本地区预算定额，查找、填写出各个分项工程的定额编号、单位、基价、人工费、机械费。

序号	定额编号	分项工程名称	单 位	基 价	人工费	机械费
1		人工挖基槽（$H=1.8$m）				
2		C20 混凝土基础垫层				
3		M7.5 水泥砂浆砌砖基础				
4		现浇 C25 钢筋混凝土独立基础				
5		现浇 C25 钢筋混凝土独立柱				
6		现浇 C30 钢筋混凝土矩形梁				
7		预制 C25 钢筋混凝土花篮梁				
8		预制 C30 钢筋混凝土平板				
9		预制 C25 钢筋混凝土花篮梁安装				
10		预制 C30 钢筋混凝土平板安装				
11		预制构件运输（3km）				
12		1：2 水泥砂浆地面面层（20mm 厚）				
13		单层玻璃窗制作（框 45cm^2 以内 ）				
14		单层玻璃窗安装				
15		混合砂浆内墙面抹灰				
16		水刷石外墙面				
17		细石混凝土刚性屋面（40mm 厚）				
18		水泥炉渣屋面保温层				

二、预算定额的换算

根据下面给出的分项工程名称和本地区的预算定额，按照定额中的有关规定，进行定额的换算。要求：写明定额编号，列式换算，并将换算后的各项内容的结果写出来。

1. 人工挖土方（深 1.8m）

2. 拖拉机运土方（运距 2km）

3. M 10 混合砂浆砌弧形砖墙

4. 现浇 C15 混凝土平板

5. 1：2.5 水泥砂浆底，1：1.5 水泥白石子浆面砖墙面抹灰

6. 混凝土防滑坡道（特细砂）

附录二 工程量计算单元测验题

依据 ××公司办公楼工程施工图、本地区建筑工程（预算）计价定额，结合课程教学学习的进展情况，分阶段完成以下各单元相关项目的工程量计算。

第 一 单 元

1. 建筑面积

2. 人工平整场地

3. 人工挖地槽土方

4. C15 混凝土基础垫层

5. 现浇 C20 混凝土地圈梁

6. M7.5 水泥砂浆砌砖基础

7. 基础回填土夯实

8. 土方运输

第 二 单 元

1. M5 混合砂浆砌标准砖外墙

2. M5 混合砂浆砌标准砖内墙

3. M5 混合砂浆砌 120mm 厚走道栏板墙

4. 砌筑用脚手架

第 三 单 元

1. 现浇 C20 钢筋混凝土矩形梁（XL—1、XL—2、XL—3）

2. 现浇 C20 钢筋混凝土平板（XB—1）

3. 现浇 C20 钢筋混凝土圈梁（XQL—1）

4. 现浇 C20 钢筋混凝土构造柱

5. 现浇 C20 钢筋混凝土压顶

6. 现浇 C20 混凝土走道栏板扶手

7. 现浇 C20 钢筋混凝土矩形梁模板

8. 现浇 C20 钢筋混凝土平板模板

9. 现浇 C20 钢筋混凝土圈梁模板

10. 现浇 C20 钢筋混凝土构造柱模板

11. 现浇 C20 钢筋混凝土压顶模板

12. 现浇 C20 钢筋混凝土走道栏板扶手模板

13. 在钢筋计算表中完成现浇 C20 钢筋混凝土矩形梁 XL—3、平板 XB—1 钢筋的计算。

钢筋混凝土构件钢筋计算表

工程名称：　　　　　　　　　　　　　　　　　　　　　　　　　　　　单位：kg

序号	构件名称	件数—代号	形状尺寸(mm)	直径	根数	长度(m)		分 规 格			
						每根	共长	直径	长度	单件重	合计重

第 四 单 元

1. 卫生间楼地面陶瓷锦砖面层

2. 1：2水泥砂浆走廊楼地面面层

3. 1：2水泥砂浆楼梯面层

4. 室内房间楼地面地砖面层

5. C15混凝土地面垫层100mm厚

6. 室内回填土夯实

7. 砖砌台阶(水泥砂浆面)

8. 室内房间1：2水泥砂浆踢脚线

9. 楼梯金属栏杆

10. 楼梯金属栏杆木扶手

第 五 单 元

1. 1：6 水泥炉渣屋面找坡层（最薄处 8cm）

2. 1：3 水泥砂浆屋面找平层

3. 三毡四油防水屋面

第 六 单 元

1. 铝合金推拉门安装

2. 铝合金推拉窗安装

3. 全板夹板门制作、安装

4. 百叶夹板门制作、安装

5. 木门运输

第 七 单 元

1. 卫生间瓷砖墙裙（1800mm 高）

2. 混合砂浆内墙面抹灰

3. 混合砂浆顶棚面抹灰

4. 卫生间墙面 106 涂料二遍

5. 内墙面顶棚面刷乳胶漆二遍

6. 木门调合漆二遍

7. 楼梯金属栏杆调合漆二遍

××公司办公楼工程施工图

建筑设计说明

1. 本工程为××公司办公楼工程,砖混结构,四层,建筑面积××m²

2. 屋面:三毡四油防水屋面,1:6水泥炉渣,最薄处80mm

3. 楼面:卫生间陶瓷锦砖,走廊、楼梯间水泥砂浆,其余室内地砖楼面

4. 地面:卫生间陶瓷锦砖,走廊、楼梯间水泥砂浆地面,其余室内地砖地面

5. 楼梯:预制钢筋混凝土板式楼梯,金属栏杆(选本地区标准图),70mm×100mm木扶手,刷土漆

6. 内装修:墙面:卫生间贴152mm×152mm白色瓷砖1800mm高,其余基层混合砂浆基层,面罩乳胶漆二遍,顶棚基层混合砂浆,面罩乳胶漆二遍,卫生间墙面到顶106白涂料二遍

7. 外装修:详立面标注,搓砂墙面,水刷石墙面,面砖墙面

8. 门窗:银白色铝合金窗,蓝玻,木门,详门窗表

9. 油漆:木门、金属栏杆浅绿色调合漆二遍。基层按有关规定处理

10. 未尽事宜,协商解决

门 窗 明 细 表

代 号	名 称	洞口尺寸(mm)		数 量	图集代号
		宽	高	个	
M1	全板夹板门	1000	2700	21	
M2	百叶夹板门	800	2700	8	
M3	铝合金推拉门	1800	2700	2	
C1	铝合金推拉窗	1800	1800	25	
C2	铝合金推拉窗	1200	1800	21	
C3	铝合金推拉窗	900	700	8	

建施1

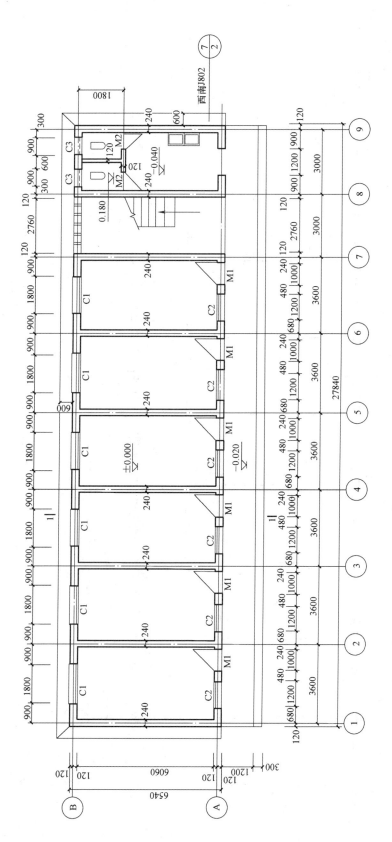

首层平面图1:100

建施2

141

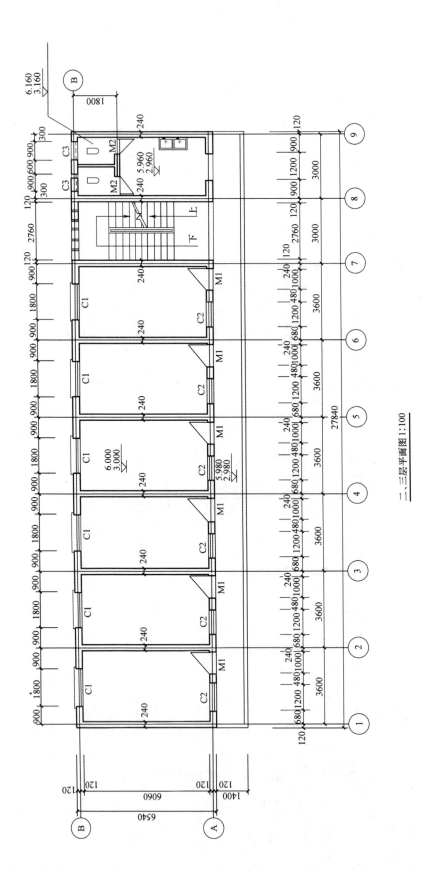

二、三层平面图 1:100

建施 3

142

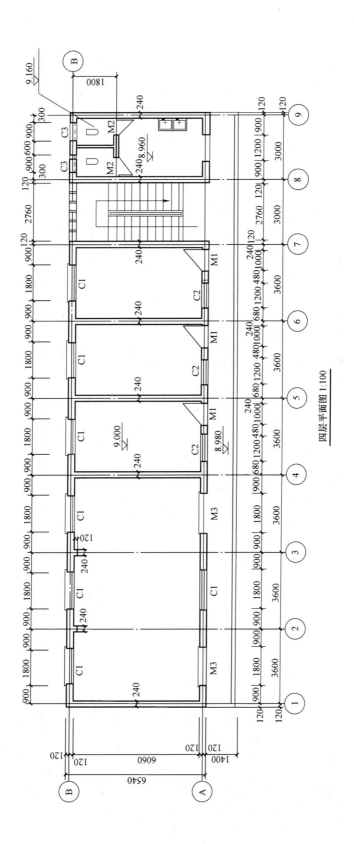

四层平面图 1:100

建施4

143

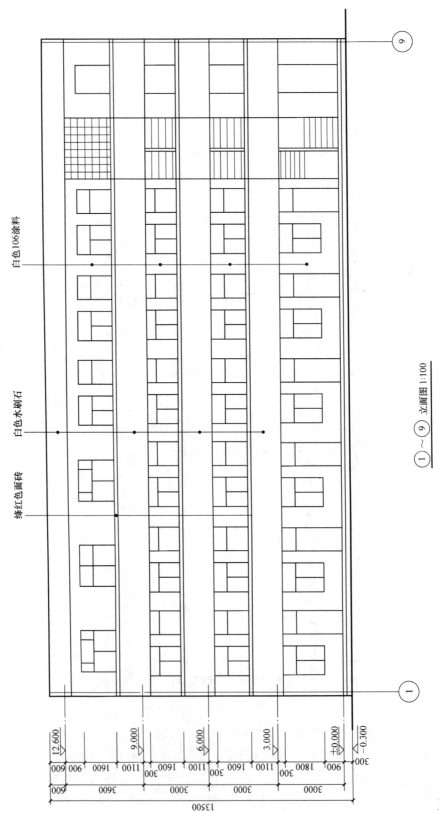

白色106涂料

白色水刷石

绛红色面砖

12.600
9.000
6.000
3.000
±0.000
-0.300

600 900 1600 1100 300 300 1600 1100 300 1600 1100 300 1800 900 300

600 3600 3000 3000 3000

13500

①～⑨ 立面图 1:100

建施 5

144

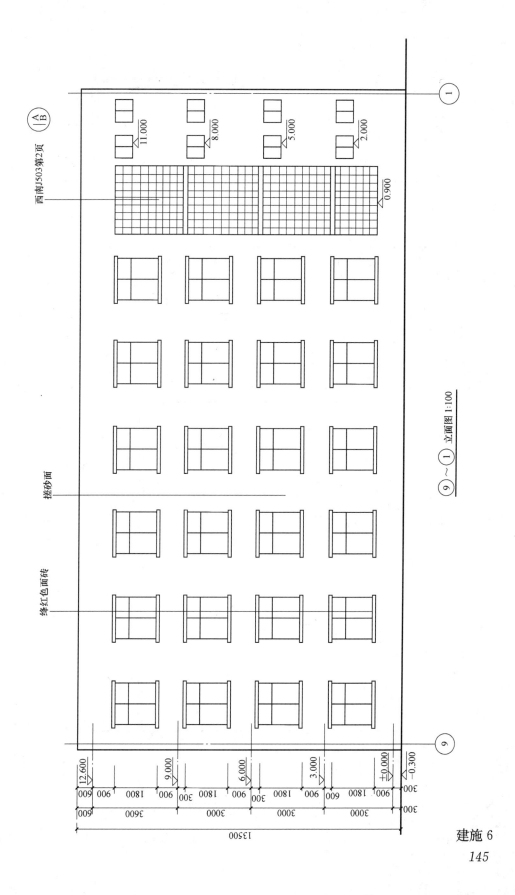

西南J503第2页

A
B

搓砂面

绛红色面砖

11.000

8.000

5.000

2.000

0.900

9 ～ 1 立面图 1:100

12.600

9.000

6.000

3.000

±0.000

-0.300

1

9

600 600 1800 600 900 300 1800 600 900 300 1800 600 900 600 1800 900 600 300

600 3600 3000 3000 3000 300

13500

建施 6

145

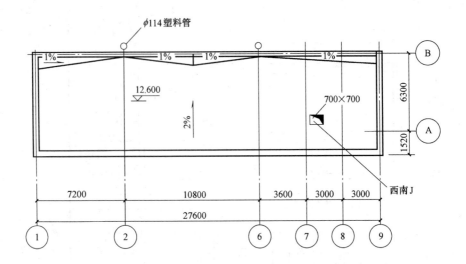

ϕ114塑料管

12.600

700×700

西南J

6300

1520

7200　10800　3600　3000　3000

27600

① ② ⑥ ⑦ ⑧ ⑨

屋顶平面图 1:100

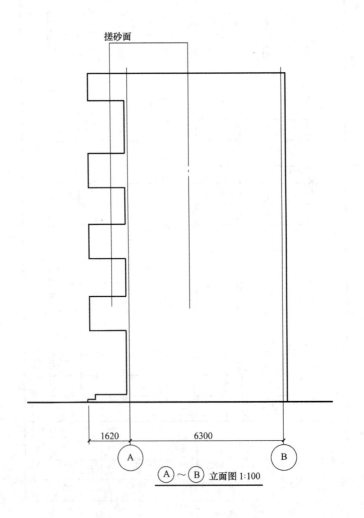

搓砂面

1620　6300

Ⓐ Ⓑ

Ⓐ～Ⓑ 立面图 1:100

建施 7

146

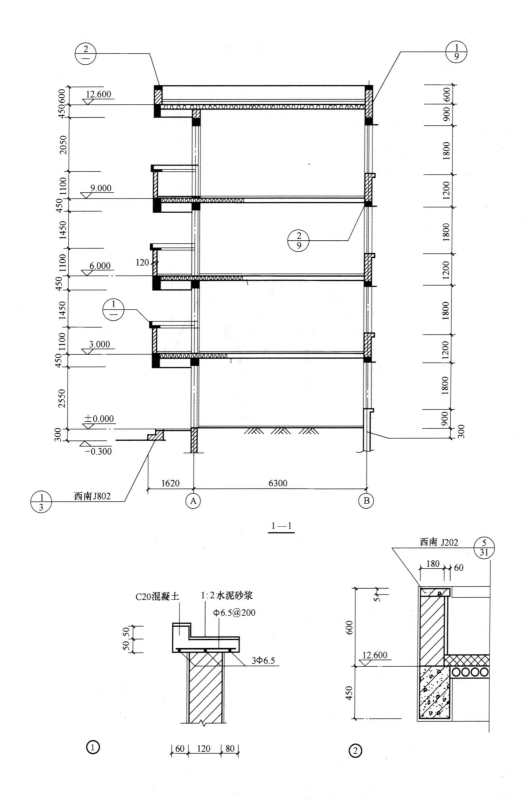

1—1

① ②

C20混凝土　1:2水泥砂浆

Φ6.5@200

3Φ6.5

西南J802

西南 J202

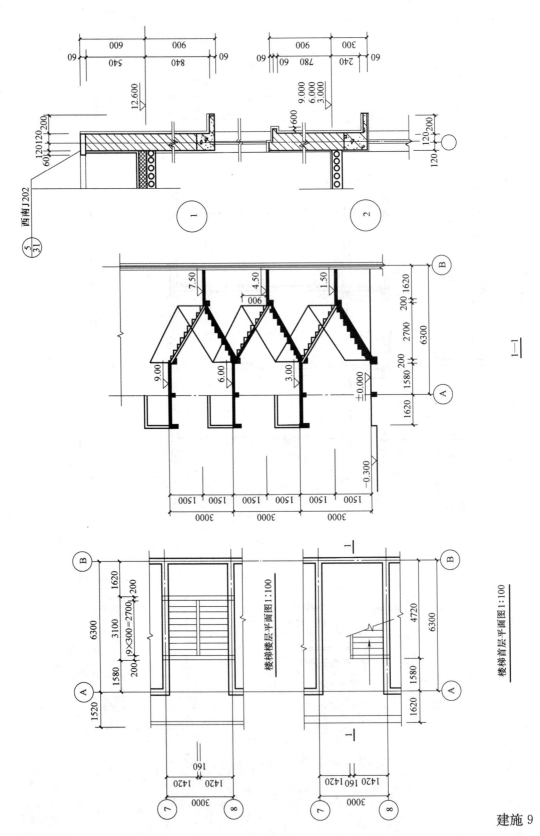

1—1

楼梯楼层平面图1:100

楼梯首层平面图1:100

建施9

148

结构设计说明

一、地基与基础：

1. 本工程地基未经勘探，地基承载力取为 $f=150\mathrm{kPa}$；

2. 基槽开挖至设计标高，应通知建设、设计、质监部门派人员到现场验槽，认可符合要求后，才能进行下道工序施工；

3. 基础按详图要求施工；

4. 基础质量应符合现行验收规范要求。

二、混凝土部分：

1. 本工程现浇构件混凝土强度等级为 C20：Φ——HPB235 级钢筋，Φ——HRB335 级钢筋；

2. 凡采用标准图集的构件，必须按所选图集要求施工；

3. 钢筋、水泥必须现场抽样试验合格。

三、砖砌体：

1. 采用 MU15 机制标准砖，M5 混合砂浆；

2. 砖必须现场抽样试验合格；

3. 砌体质量应符合现行验收规范要求。

四、其他：

1. 未注明的钢筋搭接长度均为 $40d$；

2. 未尽事宜协商解决；

3. XB-1 未注明的分布钢筋为Φ6.5@200。

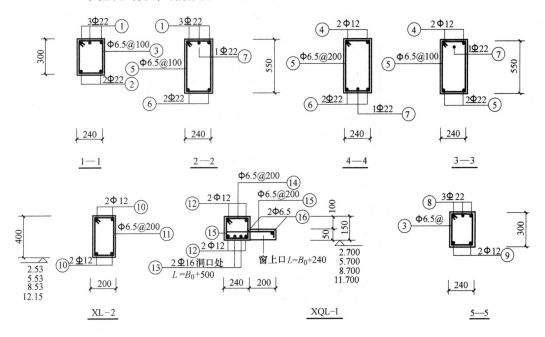

结施 1

149

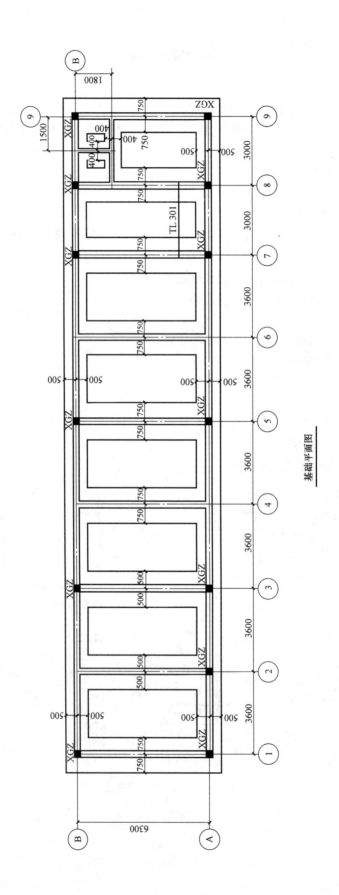

基础平面图

结施 2

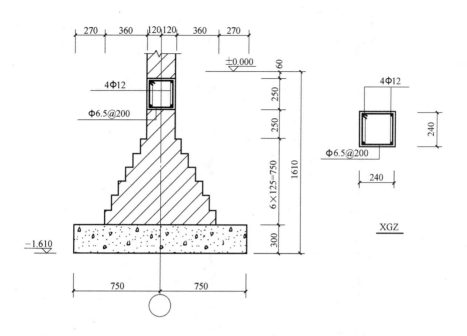

XGZ

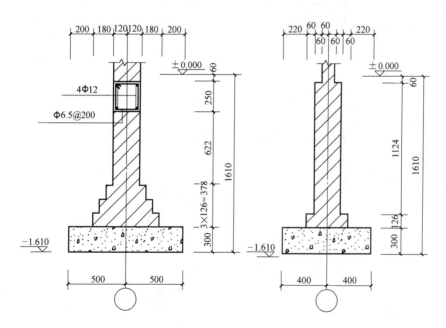

注: 1.基础垫层混凝土强度等级C15; 地圈梁混凝土C20; 砖砌大放脚用MU15机制标准砖,
　　　M7.5水泥砂浆砌筑, 层层灌浆;
　　2.XGZ用C20混凝土, 从垫层表面做起;
　　3.基槽开挖至设计标高, 需经验槽认可后, 才能进行下道工序施工。

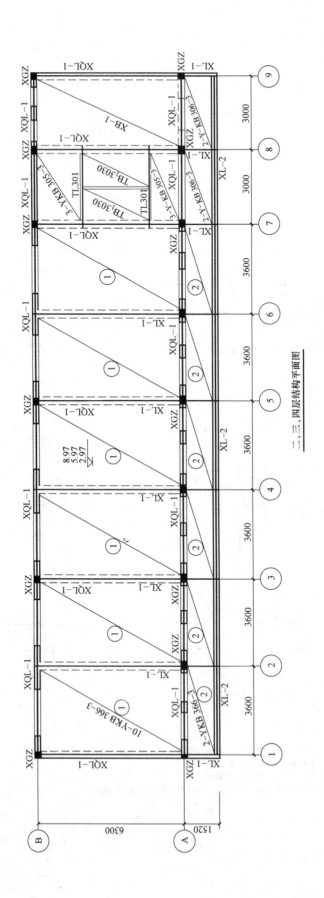

二、三、四层结构平面图

结施4

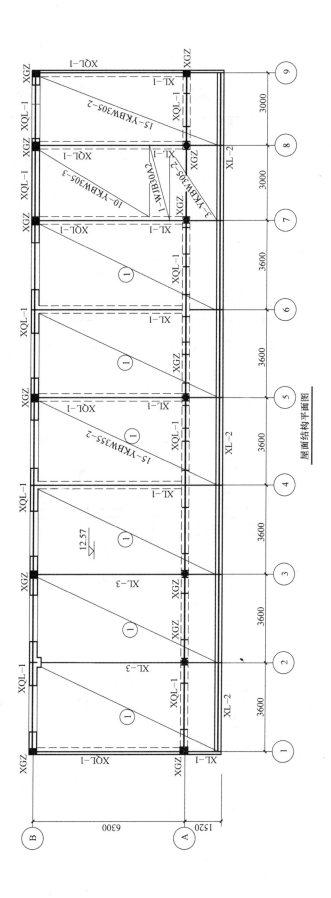

屋面结构平面图

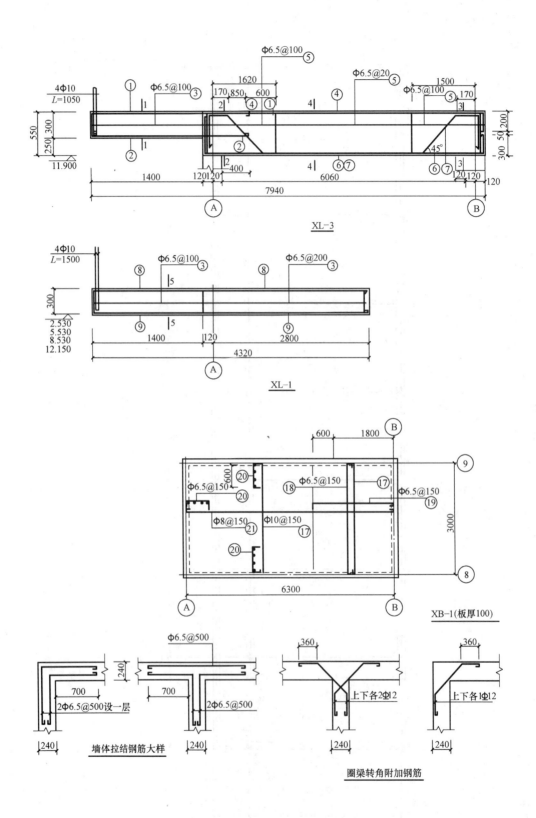

XL-3

XL-1

XB-1(板厚100)

墙体拉结钢筋大样

圈梁转角附加钢筋

附录三 直接工程费计算单元测验题

1. 依据工程量计算单元测验题中所完成的各单元相关预算项目的工程量计算结果，根据本地区建筑工程（预算）计价定额，计算其直接工程费及工、料分析汇总（测验表格自定）。

2. 依据第 1 题分析汇总的材料，按照本地区市场现行材料单价和有关材料价差调整的文件规定，进行单项材料价差的调整计算。

单项材料价差调整表

序号	材料名称	单位	数量	现行单价（元）	定额单价（元）	价差（元）	调整金额（元）
1							
2							
3							
4							
5							

附录四 工程造价计算单元测验题

　　根据附录三（直接工程费计算单元测验题）计算出来的直接工程费和单项材料价差，本地区建设工程费用定额，自行设计施工条件，计算建筑工程造价。

建筑工程造价计算表（以直接工程费为计算基础）

序　　号	费用名称	金额(元)	计　算　式

附录五

关于印发《建筑安装工程费用项目组成》的通知

建标〔2003〕206 号

各省、自治区建设厅、财政厅，直辖市建委、财政局，国务院有关部门：

为了适应工程计价改革工作的需要，按照国家有关法律、法规，并参照国际惯例，在总结建设部、中国人民建设银行《关于调整建筑安装工程费用项目组成的若干规定》（建标〔1993〕894 号）执行情况的基础上，我们制定了《建筑安装工程费用项目组成》（以下简称《费用项目组成》），现印发给你们。为了便于各地区、各部门做好《费用项目组成》发布后的贯彻实施工作，现将《费用项目组成》主要调整内容和贯彻实施有关事项通知如下：

一、《费用项目组成》调整的主要内容：

（一）建筑安装工程费由直接费、间接费、利润和税金组成。

（二）为适应建筑安装工程招标投标竞争定价的需要，将原其他直接费和临时设施费以及原直接费中属工程非实体消耗费用合并为措施费。措施费可根据专业和地区的情况自行补充。

（三）将原其他直接费项下对建筑材料、构件和建筑安装物进行一般鉴定、检查所发生的检验试验费列入材料费。

（四）将原现场管理费、企业管理费、财务费和其他费用合并为间接费。根据国家建立社会保障体系的有关要求，在规费中列出社会保障相关费用。

（五）原计划利润改为利润。

二、为了指导各部门、各地区依据《费用项目组成》开展费用标准测算等工作，我们统一了《建筑安装工程费用参考计算方法》和《建筑安装工程计价程序》（详见附件一、附件二）。

三、《费用项目组成》自 2004 年 1 月 1 日起施行。原建设部、中国人民建设银行《关于调整建筑安装工程费用项目组成的若干规定》（建标〔1993〕894 号）同时废止。

《费用项目组成》在施行中的有关问题和意见，请及时反馈给建设部标准定额司和财政部经济建设司。

附件一：建设安装工程费用参考计算方法
附件二：建筑安装工程计价程序
附件三：建筑安装工程费用项目组成

中华人民共和国建设部
中华人民共和国财政部
二〇〇三年十月十五日

附件一：建设安装工程费用参考计算方法

各组成部分参考计算公式如下：

一、直接费

（一）直接工程费

$$直接工程费＝人工费＋材料费＋施工机械使用费$$

1. 人工费

$$人工费＝\sum(工日消耗量×日工资单价)$$

$$日工资单价(G)＝\sum_1^5 G$$

（1）基本工资

$$基本工资(G_1)＝\frac{生产工人平均月工资}{年平均每月法定工作日}$$

（2）工资性补贴

$$工资性补贴(G_2)＝\frac{\sum 年发放标准}{全年日历日－法定假日}＋\frac{\sum 月发放标准}{年平均每月法定工作日}＋每工作日发放标准$$

（3）生产工人辅助工资

$$生产工人辅助工资(G_3)＝\frac{全年无效工作日×(G_1＋G_2)}{全年日历日－法定假日}$$

（4）职工福利费

$$职工福利费(G_4)＝(G_1＋G_2＋G_3)×福利费计提比例(\%)$$

（5）生产工人劳动保护费

$$生产工人劳动保护费(G_5)＝\frac{生产工人年平均支出劳动保护费}{全年日历日－法定假日}$$

2. 材料费

$$材料费＝\sum(材料消耗量×材料基价)＋检验试验费$$

（1）材料基价

$$材料基价＝[(供应价格＋运杂费)×(1＋运输损耗率(\%))]×(1＋采购保管费率(\%))$$

（2）检验试验费

$$检验试验费＝\sum(单位材料量检验试验费×材料消耗量)$$

3. 施工机械使用费

$$施工机械使用费＝\sum(施工机械台班消耗量×机械台班单价)$$

$$机械台班单价＝台班折旧费＋台班大修费＋台班经常修理费＋台班安拆费及场外运费$$
$$＋台班人工费＋台班燃料动力费＋台班养路费及车船使用税$$

（二）措施费

本规定中只列通用措施费项目的计算方法，各专业工程的专用措施费项目的计算方法由各地区或国务院有关专业主管部门的工程造价管理机构自行制定。

1. 环境保护费

$$环境保护费＝直接工程费×环境保护费费率(\%)$$

$$环境保护费费率(\%)=\frac{本项费用年度平均支出}{全年建安产值\times 直接工程费占总造价比例(\%)}$$

2. 文明施工费

$$文明施工费=直接工程费\times 文明施工费费率(\%)$$

$$文明施工费费率(\%)=\frac{本项费用年度平均支出}{全年建安产值\times 直接工程费占总造价比例(\%)}$$

3. 安全施工费

$$安全施工费=直接工程费\times 安全施工费费率(\%)$$

$$安全施工费费率(\%)=\frac{本项费用年度平均支出}{全年建安产值\times 直接工程费占总造价比例(\%)}$$

4. 临时设施费

临时设施费由以下三部分组成：

（1）周转使用临建费（如，活动房屋）

（2）一次性使用临建费（如，简易建筑）

（3）其他临 时设施费（如，临时管线）

$$临时设施费=(周转使用临建费+一次性使用临建费)\times[1-其他临时设施所占比例(\%)]$$

其中：

① 周转使用临建费

$$周转使用临建费=\sum\left[\frac{临建面积\times 每平方米造价}{使用年限\times 365\times 利用率(\%)}\times 工期(天)\right]+一次性拆除费$$

② 一次性使用临建费

$$一次性使用临建费=\sum 临建面积\times 每平方米造价\times[1-残值率(\%)]+一次性拆除费$$

③ 其他临时设施费在临时设施费中所占比例，可由各地区造价管理部门依据典型施工企业的成本资料经分析后综合测定。

5. 夜间施工增加费

$$夜间施工增加费=\left(1-\frac{合同工期}{定额工期}\right)\times\frac{直接工程费中的人工费合计}{平均日工资单价}\times 每工日夜间施工费开支$$

6. 二次搬运费

$$二次搬运费=直接工程费\times 二次搬运费费率(\%)$$

$$二次搬运费费率(\%)=\frac{年平均二次搬运费开支额}{全年建安产值\times 直接工程费占总造价的比例(\%)}$$

7. 大型机械进出场及安拆费

$$大型机械进出场及安拆费=\frac{一次进出场及安拆费\times 年平均安拆次数}{年工作台班}$$

8. 混凝土、钢筋混凝土模板及支架

（1）模板及支架费＝模板摊销量×模板价格＋支、拆、运输费

$$摊销量=一次使用量\times(1+施工损耗)\times[1+(周转次数-1)\times 补损率/周转次数-(1-补损率)50\%/周转次数]$$

（2）租赁费＝模板使用量×使用日期×租赁价格＋支、拆、运输费

9. 脚手架搭拆费

（1）脚手架搭拆费＝脚手架摊销量×脚手架价格＋搭、拆、运输费

$$脚手架摊销量 = \frac{单位一次使用量 \times (1-残值率)}{耐用期 \div 一次使用期}$$

（2）租赁费＝脚手架每日租金×搭设周期＋搭、拆、运输费

10. 已完工程及设备保护费

已完工程及设备保护费＝成品保护所需机械费＋材料费＋人工费

11. 施工排水、降水费

排水降水费＝Σ排水降水机械台班费×排水降水周期＋排水降水使用材料费、人工费

二、间接费

1. 间接费的计算方法按取费基础的不同分为以下三种：

（1）以直接费为计算基础

$$间接费 = 直接费合计 \times 间接费费率（\%）$$

（2）以人工费和机械费合计为计算基础

$$间接费 = 人工费和机械费合计 \times 间接费费率（\%）$$

（3）以人工费为计算基础

$$间接费 = 人工费合计 \times 间接费费率（\%）$$

2. 间接费费率

$$间接费费率（\%） = 规费费率（\%） + 企业管理费费率（\%）$$

（1）规费费率

根据本地区典型工程发承包价的分析资料综合取定规费计算中所需数据：

1）每万元发承包价中人工费含量和机械费含量。

2）人工费占直接费的比例。

3）每万元发承包价中所含规费缴纳标准的各项基数。

规费费率的计算公式

Ⅰ 以直接费为计算基础

$$规费费率（\%） = \frac{\Sigma 规费缴纳标准 \times 每万元发承包价计算基数}{每万元发承包价中的人工费含量} \times 人工费占直接费的比例（\%）$$

Ⅱ 以人工费和机械费合计为计算基础

$$规费费率（\%） = \frac{\Sigma 规费缴纳标准 \times 每万元发承包价计算基数}{每万元发承包价中的人工费含量和机械费含量} \times 100\%$$

Ⅲ 以人工费为计算基础

$$规费费率（\%） = \frac{\Sigma 规费缴纳标准 \times 每万元发承包价计算基数}{每万元发承包价中的人工费含量} \times 100\%$$

（2）企业管理费费率

企业管理费费率计算公式

Ⅰ 以直接费为计算基础

$$企业管理费费率（\%） = \frac{生产工人年平均管理费}{年有效施工天数 \times 人工单价} \times 人工费占直接费的比例（\%）$$

Ⅱ 以人工费和机械费合计为计算基础

$$企业管理费费率（\%） = \frac{生产工人年平均管理费}{年有效施工天数 \times （人工单价 + 每一工日机械使用费）} \times 100\%$$

Ⅲ 以人工费为计算基础

$$企业管理费费率(\%)=\frac{生产工人年平均管理费}{年有效施工天数×人工单价}×100\%$$

三、利润

利润计算公式

见附件二 建筑安装工程计价程序

四、税金

税金的计算

$$税金=(税前造价+利润)×税率(\%)$$

税率的确定

（1）纳税地点在市区的企业

$$税率(\%)=\frac{1}{1-3\%-(3\%×7\%)-(3\%×3\%)}-1$$

（2）纳税地点在县城、镇的企业

$$税率(\%)=\frac{1}{1-3\%-(3\%×5\%)-(3\%×3\%)}-1$$

（3）纳税地点不在市区、县城、镇的企业

$$税率(\%)=\frac{1}{1-3\%-(3\%×1\%)-(3\%×3\%)}-1$$

附件二：建筑安装工程计价程序

根据建设部第 107 号部令《建筑工程施工发包与承包计价管理办法》的规定，发包与承包价的计算方法分为工料单价法和综合单价法，程序为：

一、工料单价法计价程序

工料单价法是以分部分项工程量乘以单价后的合计为直接工程费，直接工程费以人工、材料、机械的消耗量及其相应价格确定。直接工程费汇总后另加间接费、利润、税金生成工程发承包价，其计算程序分为三种：

1. 以直接费为计算基础

序　号	费用项目	计算方法	备　注
1	直接工程费	按预算表	
2	措施费	按规定标准计算	
3	小计	(1)+(2)	
4	间接费	(3)×相应费率	
5	利润	((3)+(4))×相应利润率	
6	合计	(3)+(4)+(5)	
7	含税造价	(6)×(1+相应税率)	

2. 以人工费和机械费为计算基础

序号	费用项目	计 算 方 法	备　注
1	直接工程费	按预算表	
2	其中人工费和机械费	按预算表	
3	措施费	按规定标准计算	
4	其中人工费和机械费	按规定标准计算	
5	小计	(1)+(3)	
6	人工费和机械费小计	(2)+(4)	
7	间接费	(6)×相应费率	
8	利润	(6)×相应利润率	
9	合计	(5)+(7)+(8)	
10	含税造价	(9)×(1+相应税率)	

3. 以人工费为计算基础

序号	费用项目	计 算 方 法	备　注
1	直接工程费	按预算表	
2	直接工程费中人工费	按预算表	
3	措施费	按规定标准计算	
4	措施费中人工费	按规定标准计算	
5	小计	(1)+(3)	
6	人工费小计	(2)+(4)	
7	间接费	(6)×相应费率	
8	利润	(6)×相应利润率	
9	合计	(5)+(7)+(8)	
10	含税造价	(9)×(1+相应税率)	

二、综合单价法计价程序

综合单价法是分部分项工程单价为全费用单价，全费用单价经综合计算后生成，其内容包括直接工程费、间接费、利润和税金（措施费也可按此方法生成全费用价格）。

各分项工程量乘以综合单价的合价汇总后，生成工程发承包价。

由于各分部分项工程中的人工、材料、机械含量的比例不同，各分项工程可根据其材料费占人工费、材料费、机械费合计的比例（以字母"C"代表该项比值）在以下三种计算程序中选择一种计算其综合单价。

（一）当 $C>C_0$（C_0 为本地区原费用定额测算所选典型工程材料费占人工费、材料费和机械费合计的比例）时，可采用以人工费、材料费、机械费合计为基数计算该分项的间接费和利润。

以直接费为计算基础

序号	费用项目	计算方法	备　　注
（1）	分项直接工程费	人工费＋材料费＋机械费	
（2）	间接费	（1）×相应费率	
（3）	利润	［（1）＋（2）］×相应利润率	
（4）	合计	（1）＋（2）＋（3）	
（5）	含税造价	（4）×（1＋相应税率）	

（二）当 $C < C_0$ 值的下限时，可采用以人工费和机械费合计为基数计算该分项的间接费和利润。

以人工费和机械费为计算基础

序号	费用项目	计算方法	备　　注
（1）	分项直接工程费	人工费＋材料费＋机械费	
（2）	其中人工费和机械费	人工费＋机械费	
（3）	间接费	（2）×相应费率	
（4）	利润	（2）×相应利润率	
（5）	合计	（1）＋（3）＋（4）	
（6）	含税造价	（5）×（1＋相应税率）	

（三）如该分项的直接费仅为人工费，无材料费和机械费时，可采用以人工费为基数计算该分项的间接费和利润。

以人工费为计算基础

序号	费用项目	计算方法	备　　注
（1）	分项直接工程费	人工费＋材料费＋机械费	
（2）	直接工程费中人工费	人工费	
（3）	间接费	（2）×相应费率	
（4）	利润	（2）×相应利润率	
（5）	合计	（1）＋（3）＋（4）	
（6）	含税造价	（5）×（1＋相应税率）	

附件三：建筑安装工程费用项目组成

建筑安装工程费由直接费、间接费、利润和税金组成（见附表）。

一、直接费

由直接工程费和措施费组成。

（一）直接工程费：是指施工过程中耗费的构成工程实体的各项费用，包括人工费、材料费、施工机械使用费。

1.人工费：是指直接从事建筑安装工程施工的生产工人开支的各项费用，内容包括：

（1）基本工资：是指发放给生产工人的基本工资。

（2）工资性补贴：是指按规定标准发放的物价补贴，煤、燃气补贴，交通补贴，住房补贴，流动施工津贴等。

（3）生产工人辅助工资：是指生产工人年有效施工天数以外非作业天数的工资，包括职工学习、培训期间的工资，调动工作、探亲、休假期间的工资，因气候影响的停工工资，女工哺乳时间的工资，病假在六个月以内的工资及产、婚、丧假期的工资。

（4）职工福利费：是指按规定标准计提的职工福利费。

（5）生产工人劳动保护费：是指按规定标准发放的劳动保护用品的购置费及修理费，徒工服装补贴，防暑降温费，在有碍身体健康环境中施工的保健费用等。

2.材料费：是指施工过程中耗费的构成工程实体的原材料、辅助材料、构配件、零件、半成品的费用。内容包括：

（1）材料原价（或供应价格）。

（2）材料运杂费：是指材料自来源地运至工地仓库或指定堆放地点所发生的全部费用。

（3）运输损耗费：是指材料在运输装卸过程中不可避免的损耗。

（4）采购及保管费：是指为组织采购、供应和保管材料过程中所需要的各项费用。

包括：采购费、仓储费、工地保管费、仓储损耗。

（5）检验试验费：是指对建筑材料、构件和建筑安装物进行一般鉴定、检查所发生的费用，包括自设试验室进行试验所耗用的材料和化学药品等费用。不包括新结构、新材料的试验费和建设单位对具有出厂合格证明的材料进行检验，对构件做破坏性试验及其他特殊要求检验试验的费用。

3.施工机械使用费：是指施工机械作业所发生的机械使用费以及机械安拆费和场外运费。

施工机械台班单价应由下列七项费用组成：

（1）折旧费：指施工机械在规定的使用年限内，陆续收回其原值及购置资金的时间价值。

（2）大修理费：指施工机械按规定的大修理间隔台班进行必要的大修理，以恢复其正常功能所需的费用。

（3）经常修理费：指施工机械除大修理以外的各级保养和临时故障排除所需的费用。包括为保障机械正常运转所需替换设备与随机配备工具附具的摊销和维护费用，机械运转中日常保养所需润滑与擦拭的材料费用及机械停滞期间的维护和保养费用等。

（4）安拆费及场外运费：安拆费指施工机械在现场进行安装与拆卸所需的人工、材料、机械和试运转费用以及机械辅助设施的折旧、搭设、拆除等费用；场外运费指施工机械整体或分体自停放地点运至施工现场或由一施工地点运至另一施工地点的运输、装卸、辅助材料及架线等费用。

（5）人工费：指机上司机（司炉）和其他操作人员的工作日人工费及上述人员在施工机械规定的年工作台班以外的人工费。

（6）燃料动力费：指施工机械在运转作业中所消耗的固体燃料（煤、木柴）、液体燃料（汽油、柴油）及水、电等。

（7）养路费及车船使用税：指施工机械按照国家规定和有关部门规定应缴纳的养路费、车船使用税、保险费及年检费等。

（二）措施费：是指为完成工程项目施工，发生于该工程施工前和施工过程中非工程实体项目的费用。

包括内容：

1. 环境保护费：是指施工现场为达到环保部门要求所需要的各项费用。

2. 文明施工费：是指施工现场文明施工所需要的各项费用。

3. 安全施工费：是指施工现场安全施工所需要的各项费用。

4. 临时设施费：是指施工企业为进行建筑工程施工所必须搭设的生活和生产用的临时建筑物、构筑物和其他临时设施费用等。

临时设施包括：临时宿舍、文化福利及公用事业房屋与构筑物，仓库、办公室、加工厂以及规定范围内道路、水、电、管线等临时设施和小型临时设施。

临时设施费用包括：临时设施的搭设、维修、拆除费或摊销费。

5. 夜间施工费：是指因夜间施工所发生的夜班补助费、夜间施工降效、夜间施工照明设备摊销及照明用电等费用。

6. 二次搬运费：是指因施工场地狭小等特殊情况而发生的二次搬运费用。

7. 大型机械设备进出场及安拆费：是指机械整体或分体自停放场地运至施工现场或由一个施工地点运至另一个施工地点，所发生的机械进出场运输及转移费用及机械在施工现场进行安装、拆卸所需的人工费、材料费、机械费、试运转费和安装所需的辅助设施的费用。

8. 混凝土、钢筋混凝土模板及支架费：是指混凝土施工过程中需要的各种钢模板、木模板、支架等的支、拆、运输费用及模板、支架的摊销（或租赁）费用。

9. 脚手架费：是指施工需要的各种脚手架搭、拆、运输费用及脚手架的摊销（或租赁）费用。

10. 已完工程及设备保护费：是指竣工验收前，对已完工程及设备进行保护所需费用。

11. 施工排水、降水费：是指为确保工程在正常条件下施工，采取各种排水、降水措施所发生的各种费用。

二、间接费

由规费、企业管理费组成。

（一）规费：是指政府和有关权力部门规定必须缴纳的费用（简称规费）。包括：

1. 工程排污费：是指施工现场按规定缴纳的工程排污费。

2. 工程定额测定费：是指按规定支付工程造价（定额）管理部门的定额测定费。

3. 社会保障费

（1）养老保险费：是指企业按规定标准为职工缴纳的基本养老保险费。

（2）失业保险费：是指企业按照国家规定标准为职工缴纳的失业保险费。

（3）医疗保险费：是指企业按照规定标准为职工缴纳的基本医疗保险费。

4. 住房公积金：是指企业按规定标准为职工缴纳的住房公积金。

5. 危险作业意外伤害保险：是指按照建筑法规定，企业为从事危险作业的建筑安装施工人员支付的意外伤害保险费。

（二）企业管理费：是指建筑安装企业组织施工生产和经营管理所需费用。

内容包括：

1. 管理人员工资：是指管理人员的基本工资、工资性补贴、职工福利费、劳动保护费等。

2. 办公费：是指企业管理办公用的文具、纸张、账表、印刷、邮电、书报、会议、水电、烧水和集体取暖（包括现场临时宿舍取暖）用煤等费用。

3. 差旅交通费：是指职工因公出差、调动工作的差旅费、住勤补助费，市内交通费和误餐补助费，职工探亲路费，劳动力招募费，职工离退休、退职一次性路费，工伤人员就医路费，工地转移费以及管理部门使用的交通工具的油料、燃料、养路费及牌照费。

4. 固定资产使用费：是指管理和试验部门及附属生产单位使用的属于固定资产的房屋、设备仪器等的折旧、大修、维修或租赁费。

5. 工具用具使用费：是指管理使用的不属于固定资产的生产工具、器具、家具、交通工具和检验、试验、测绘、消防用具等的购置、维修和摊销费。

6. 劳动保险费：是指由企业支付离退休职工的易地安家补助费、职工退职金、六个月以上的病假人员工资、职工死亡丧葬补助费、抚恤费、按规定支付给离休干部的各项经费。

7. 工会经费：是指企业按职工工资总额计提的工会经费。

8. 职工教育经费：是指企业为职工学习先进技术和提高文化水平，按职工工资总额计提的费用。

9. 财产保险费：是指施工管理用财产、车辆保险。

10. 财务费：是指企业为筹集资金而发生的各种费用。

11. 税金：是指企业按规定缴纳的房产税、车船使用税、土地使用税、印花税等。

12. 其他：包括技术转让费、技术开发费、业务招待费、绿化费、广告费、公证费、法律顾问费、审计费、咨询费等。

三、利润

是指施工企业完成所承包工程获得的盈利。

四、税金

是指国家税法规定的应计入建筑安装工程造价内的营业税、城市维护建设税及教育费附加等。

附表：建筑安装工程费用项目组成表

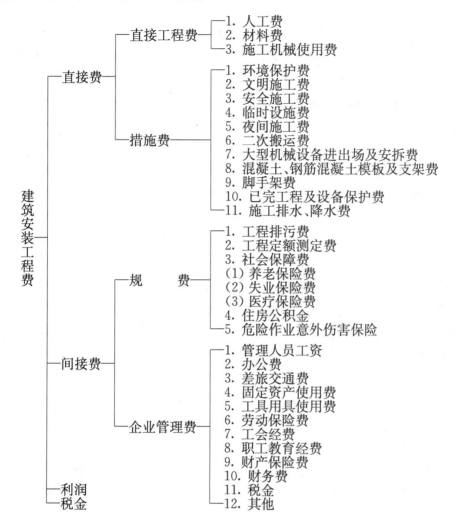

参 考 文 献

袁建新，迟晓明. 建筑工程预算（第四版）. 北京：中国建筑工业出版社，2009.